网络安全运营服务能力指南

九维彩虹团队之
紫队视角下的攻防演练

范 渊 主 编

袁明坤 执行主编

电子工业出版社·

Publishing House of Electronics Industry

北京·BEIJING

内 容 简 介

近年来，随着互联网的发展，我国进一步加强对网络安全的治理，国家陆续出台相关法律法规和安全保护条例，明确以保障关键信息基础设施为目标，构建整体、主动、精准、动态防御的网络安全体系。

本套书以九维彩虹模型为核心要素，分别从网络安全运营（白队）、网络安全体系架构（黄队）、蓝队"技战术"（蓝队）、红队"武器库"（红队）、网络安全应急取证技术（青队）、网络安全人才培养（橙队）、紫队视角下的攻防演练（紫队）、时变之应与安全开发（绿队）、威胁情报驱动企业网络防御（暗队）九个方面，全面讲解企业安全体系建设，解密彩虹团队非凡实战能力。

本分册是紫队分册。紫队能够通过实战演练和模拟演练等多个维度，全面地测量与改善组织安全态势，促进红蓝双方的协作，迭代优化防御体系，全方位提升企业安全能力。本册书将着重介绍紫队的概念与实践，结合过往案例讲解实战演练案例，并引用 ATT&CK 框架延伸讲解模拟化演练等内容。

本册书内容适用于管理人员、技术人员、工程师、计算机爱好者，可供期望了解紫队相关知识的人员学习参考。

图书在版编目（CIP）数据

网络安全运营服务能力指南. 九维彩虹团队之紫队视角下的攻防演练 / 范渊主编. —北京：电子工业出版社，2022.5

ISBN 978-7-121-43428-0

Ⅰ. ①网… Ⅱ. ①范… Ⅲ. ①计算机网络－网络安全 Ⅳ. ①TP393.08

中国版本图书馆 CIP 数据核字(2022)第 086730 号

责任编辑： 张瑞喜
印　　刷： 中国电影出版社印刷厂
装　　订： 中国电影出版社印刷厂
出版发行： 电子工业出版社
　　　　　 北京市海淀区万寿路 173 信箱　 邮编：100036
开　　本： 787×1092　 1/16　 印张：94.5　 字数：2183 千字
版　　次： 2022 年 5 月第 1 版
印　　次： 2022 年 11 月第 2 次印刷
定　　价： 298.00 元（共 9 册）

凡所购买电子工业出版社图书有缺损问题，请向购买书店调换。若书店售缺，请与本社发行部联系，联系及邮购电话：（010）88254888，88258888。

质量投诉请发邮件至 zlts@phei.com.cn，盗版侵权举报请发邮件至 dbqq@phei.com.cn。

本书咨询联系方式：zhangruixi@phei.com.cn。

本书编委会

主　　编：范　渊

执行主编：袁明坤

执行副主编：

李　兵　　杨　波　　韦国文　　苗春雨　　杨方宇

王　拓　　秦永平　　杨　勃　　刘蓝岭　　孙传闯

朱尘炀

紫队分册编委：

董家璇　　谢林超　　陈冠宇　　张　锋　　谢庆锋

《网络安全运营服务能力指南》

总　目

推荐序

2016年以来，国内组织的一系列真实网络环境下的攻防演习显示，半数甚至更多的防守方的目标被攻击方攻破。这些参加演习的单位在网络安全上的投入并不少，常规的安全防护类产品基本齐全，问题是出在网络安全运营能力不足，难以让网络安全防御体系有效运作。

范渊是网络安全行业"老兵"，凭借坚定的信念与优秀的领导能力，带领安恒信息用十多年时间从网络安全细分领域厂商成长为国内一线综合型网络安全公司。袁明坤则是一名十多年战斗在网络安全服务一线的实战经验丰富的"战士"。他们很早就发现了国内企业网络安全建设体系化、运营能力方面的不足，在通过网络安全态势感知等产品、威胁情报服务及安全服务团队为用户赋能的同时，在业内率先提出"九维彩虹团队"模型，将网络安全体系建设细分成网络安全运营（白队）、网络安全体系架构（黄队）、蓝队"技战术"（蓝队）、红队"武器库"（红队）、网络安全应急取证技术（青队）、网络安全人才培养（橙队）、紫队视角下的攻防演练（紫队）、时变之应与安全开发（绿队）、威胁情报驱动企业网络防御（暗队）九个战队的工作。

由范渊主编，袁明坤担任执行主编的《网络安全运营服务能力指南》，是多年网络安全一线实战经验的总结，对提升企业网络安全建设水平，尤其是提升企业网络安全运营能力很有参考价值！

赛博英杰创始人 谭晓生

楚人有鬻盾与矛者，誉之曰："吾盾之坚，物莫能陷也。"又誉其矛曰："吾矛之利，于物无不陷也。"或曰："以子之矛陷子之盾，何如？"其人弗能应也。众皆笑之。夫不可陷之盾与无不陷之矛，不可同世而立。（战国·《韩非子·难一》）

近年来网络安全攻防演练对抗，似乎也有陷入"自相矛盾"的窘态。基于"自证清白"的攻防演练目标和走向"形式合规"的落地举措构成了市场需求繁荣而商业行为"内卷"的另一面。"红蓝对抗"所面临的人才短缺、环境成本、风险管理以及对业务场景深度融合的需求都成为其中的短板，类似军事演习中的导演部，负责整个攻防对抗演习的组织、导调以及监督审计的价值和重要性呼之欲出。九维彩虹团队的《网络安全运营服务能力指南》套书，及时总结国内优秀专业安全企业基于大量客户网络安全攻防实践案例，从紫队视角出发，基于企业威胁情报、蓝队技战术以及人才培养方面给有构建可持续发展专业安全运营能力需求的甲方非常完整的框架和建设方案，是网络安全行动者和责任使命担当者秉承"君子敏于行"又勇于"言传身教 融会贯通"的学习典范。

华为云安全首席生态官 万涛（老鹰）

安全服务是一个持续的过程，安全运营最能体现"持续"的本质特征。解决思路好不好、方案设计好不好、规则策略好不好，安全运营不仅能落地实践，更能衡量效果。目标及其指标体系是有效安全运营的前提，从结果看，安全运营的目标是零事故发生；从成本和效率看，安全运营的目标是人机协作降本提效。从"开始安全"到"动态安全"，再到"时刻安全"，业务对安全运营的期望越来越高。毫无疑问，安全运营已成为当前最火的安全方向，范畴也在不断延展，由"网络安全运营"到"数据安全运营"，再到"个人信息保护运营"，既满足合法合规，又能管控风险，进而提升安全感。

这套书涵盖了九大方向，内容全面深入，为安全服务人员、安全运营人员及更多对安全运营有兴趣的人员提供了很好的思路参考与知识点沉淀。

滴滴安全负责人　王红阳

"红蓝对抗"作为对企业、组织和机构安全体系建设效果自检的重要方式和手段，近年来越来越受到甲方的重视，因此更多的甲方在人力和财力方面也投入更多以组建自己的红队和蓝队。"红蓝对抗"对外围的人更多是关注"谁更胜一筹"的结果，但对企业、组织和机构而言，如何认识"红蓝对抗"的概念、涉及的技术以及基本构成、红队和蓝队如何组建、面对的主流攻击类型，以及蓝队的"防护武器平台"等问题，都将是检验"红蓝对抗"成效的决定性因素。

这套书对以上问题做了详尽的解答，从翔实的内容和案例可以看出，这些解答是经过无数次实战检验的宝贵技术和经验积累；这对读者而言是非常有实操的借鉴价值。这是一套由安全行业第一梯队的专业人士精心编写的网络安全技战术宝典，给读者提供全面丰富而且系统化的实践指导，希望读者都能从中受益。

雾帜智能CEO　黄　承

网络安全是一项系统的工程，需要进行安全规划、安全建设、安全管理，以及团队成员的建设与赋能，每个环节都需要有专业的技术能力，丰富的实战经验与积累。如何通过实战和模拟演练相结合，对安全缺陷跟踪与处置，进行有效完善安全运营体系运行，以应对越来越复杂的网络空间威胁，是目前网络安全面临的重要风险与挑战。

九维彩虹团队的《网络安全运营服务能力指南》套书是安恒信息安全服务团队在安全领域多年积累的理论体系和实践经验的总结和延伸，创新性地将网络安全能力从九个不同的维度，通过不同的视角分成九个团队，对网络安全专业能力进行深层次的剖析，形成网络安全工作所需要的具体化的流程、活动及行为准则。

以本人20多年从事网络安全一线的高级威胁监测领域及网络安全能力建设经验来看，此套书籍从九个不同维度生动地介绍网络安全运营团队实战中总结的重点案例、深入浅出讲解安全运营全过程，具有整体性、实用性、适用性等特点，是网络安全实用必备宝典。

该套书不仅适合企事业网络安全运营团队人员阅读，而且也是有志于从事网络安全从业人员的应读书籍，同时还是网络安全服务团队工作的参考指导手册。

神州网云CEO　宋　超

"数字经济"正在推动供给侧结构性改革和经济发展质量变革、效率变革、动力变革。在数字化推进过程中，数字安全将不可避免地给数字化转型带来前所未有的挑战。2022年国务院《政府工作报告》中明确提出，要促进数字经济发展，加强数字中国建设整体布局。然而当前国际环境日益复杂，网络安全对抗由经济利益驱使的团队对抗，上升到了国家层面软硬实力的综合对抗。

安恒安全团队在此背景下，以人才为尺度；以安全体系架构为框架；以安全技术为核心；以安全自动化、标准化和体系化为协同纽带；以安全运营平台能力为支撑力量着手撰写此套书。从网络安全能力的九大维度，融会贯通、细致周详地分享了安恒信息15年间积累的安全运营及实践的经验。

悉知此套书涵盖安全技术、安全服务、安全运营等知识点，又以安全实践经验作为丰容，是一本难得的"数字安全实践宝典"。一方面可作为教材为安全教育工作者、数字安全学子、安全从业人员提供系统知识、传递安全理念；另一方面也能以书中分享的经验指导安全乙方从业者、甲方用户安全建设者。与此同时，作者以长远的眼光来严肃审视国家数字安全和数字安全人才培养，亦可让国家网络空间安全、国家关键信息基础设施安全能力更上一个台阶。

安全玻璃盒【孝道科技】创始人 范丙华

网络威胁已经由过去的个人与病毒制造者之间的单打独斗，企业与黑客、黑色产业之间的有组织对抗，上升到国家与国家之间的体系化对抗；网络安全行业的发展已经从技术驱动、产品实现、方案落地迈入到体系运营阶段；用户的安全建设，从十年前以"合规"为目标解决安全有无的问题，逐步提升到以"实战"为目标解决安全体系完整、有效的问题。

通过近些年的"护网活动"，甲乙双方（指网络安全需求方和网络安全解决方案提供方）不仅打磨了实战产品，积累了攻防技战术，梳理了规范流程，同时还锻炼了一支安全队伍，在这几者当中，又以队伍的培养、建设、管理和实战最为关键，说到底，网络对抗是人和人的对抗，安全价值的呈现，三分靠产品，七分靠运营，人作为安全运营的核心要素，是安全成败的关键，如何体系化地规划、建设、管理和运营一个安全团队，已经成为甲乙双方共同关心的话题。

这套书不仅详尽介绍了安全运营团队体系的目标、职责及它们之间的协作关系，还分享了团队体系的规划建设实践，更从侧面把安全运营全生命周期及背后的支持体系进行了系统梳理和划分，值得甲方和乙方共同借鉴。

是为序，当践行。

白 日

过去20年，伴随着我国互联网基础设施和在线业务的飞速发展，信息网络安全领域也发生了翻天覆地的变化。"安全是组织在经营过程中不可或缺的生产要素之一"这一观点已成为公认的事实。然而网络安全行业技术独特、概念丛生、迭代频繁、细分领域众多，即使在业内也很少有人能够具备全貌的认知和理解。网络安全早已不是黑客攻击、木马病毒、0day漏洞、应急响应等技术词汇的堆砌，也不是人力、资源和工具的简单组合，在它的背后必须有一套标准化和实战化的科学运营体系。

相较于发达国家，我国网络安全整体水平还有较大的差距。庆幸的是，范渊先生和我的老同事袁明坤先生所带领的团队在这一领域有着长期的深耕积累和丰富的实战经验，他们将这些知识通过《网络安全运营服务能力指南》这套书进行了系统化的阐述。

开卷有益，更何况这是一套业内多名安全专家共同为您打造的知识盛筵，我极力推荐。该套书从九个方面为我们带来了安全运营完整视角下的理论框架、专业知识、攻防实战、人才培养和体系运营等，无论您是安全小白还是安全专家，都值得一读。期待这套书能为我国网络安全人才的培养和全行业的综合发展贡献力量。

傅 奎

管理安全团队不是一个简单的任务，如何在纷繁复杂的安全问题面前，找到一条最适合自己组织环境的路，是每个安全从业人员都要面临的挑战。

如今的安全读物多在于关注解决某个技术问题。但解决安全问题也不仅仅是技术层面的问题。企业如果想要达到较高的安全成熟度，往往需要从架构和制度的角度深入探讨当前的问题，从而设计出更适合自身的解决方案。从管理者的角度，团队的建设往往需要依赖自身多年的从业经验，而目前的市面上，并没有类似完整详细的参考资料。

这套书的价值在于它从团队的角度，详细地阐述了把安全知识、安全工具、安全框架付诸实践，最后落实到人员的全部过程。对于早期的安全团队，这套书提供了指导性的方案，来帮助他们确定未来的计划。对于成熟的安全团队，这套书可以作为一个完整详细的知识库，从而帮助用户发现自身的不足，进而更有针对性地补齐当前的短板。对于刚进入安全行业的读者，这套书可以帮助你了解到企业安全的组织架构，帮助你深度地规划未来的职业方向。期待这套书能够为安全运营领域带来进步和发展。

Affirm前安全主管 王亿韬

随着网络安全攻防对抗的不断升级，勒索软件等攻击愈演愈烈，用户逐渐不满足于当前市场诸多的以合规为主要目标的解决方案和产品，越来越关注注重实际对抗效果的新一代解决方案和产品。

安全运营、红蓝对抗、情报驱动、DevSecOps、处置响应等面向真正解决一线对抗问题的新技术正成为当前行业关注的热点，安全即服务、云服务、订阅式服务、网络安全保险等新的交付模式也正对此前基于软硬件为主构建的网络安全防护体系产生巨大冲击。

九维彩虹团队的《网络安全运营服务能力指南》套书由网络安全行业知名一线安全专家编写，从理论、架构到实操，完整地对当前行业关注并急需的领域进行了翔实准确的介绍，推荐大家阅读。

赛博谛听创始人　金湘宇

/NUKE

企业做安全，最终还是要对结果负责。随着安全实践的不断深入，企业安全建设，正在从单纯部署各类防护和检测软硬件设备为主要工作的"1.0时代"，逐步走向通过安全运营提升安全有效性的"2.0时代"。

虽然安全运营话题目前十分火热，但多数企业的安全建设负责人对安全运营的内涵和价值仍然没有清晰认知，对安全运营的目标范围和实现之路没有太多实践经历。我们对安全运营的研究不是太多了，而是太少了。目前制约安全运营发展的最大障碍有以下三点：

一是安全运营的产品与技术仍很难与企业业务和流程较好地融合。虽然围绕安全运营建设的自动化工具和流程，如SIEM/SOC、SOAR、安全资产管理（S-CMDB），安全有效性验证等都在蓬勃发展，但目前还是没有较好的商业化工具，能够结合企业内部的流程和人员，提高安全运营效率。

二是业界对安全运营尚未形成统一的认知和完整的方法论。企业普遍缺乏对安全运营的全面理解，安全运营组织架构、工具平台、流程机制、有效性验证等落地关键点未成体系。大家思路各异，没有形成统一的安全运营标准。

三是安全运营人才的缺乏。安全运营所需要的人才，除了代码高手和"挖洞"专家；更急需的应该是既熟悉企业业务，也熟悉安全业务，同时能够熟练运用各种安全技术和产品，快速发现问题，快速解决问题，并推动企业安全改进优化的实用型人才。对这一类人才的定向培养，眼下还有很长的路要走。

这套书包含了安全运营的方方面面，像是一个经验丰富的安全专家，从各个维度提供知识、经验和建议，希望更多有志于企业安全建设和安全运营的同仁们共同讨论、共同实践、共同提高，共创安全运营的未来。

《企业安全建设指南》黄皮书作者、"君哥的体历"公众号作者　聂　君

这几年，越来越多的人明白了一个道理：网络安全的本质是人和人的对抗，因此只靠安全产品是不够的，必须有良好的运营服务，才能实现体系化的安全保障。

但是，这话说着容易，做起来就没那么容易了。安全产品看得见摸得着，功能性能指标清楚，硬件产品还能算固定资产。运营服务是什么呢？怎么算钱呢？怎么算做得好不好呢？

这套书对安全运营服务做了分解，并对每个部分的能力建设进行了详细的介绍。对于需求方，这套书能够帮助读者了解除了一般安全产品，还需要构建哪些"看不见"的能力；对于安全行业，则可以用于指导企业更加系统地打造自己的安全运营能力，为客户提供更好的服务。

就当前的环境来说，我觉得这套书的出版恰逢其时，一定会很受欢迎的。希望这套书能够促进各行各业的网络安全走向一个更加科学和健康的轨道。

360集团首席安全官　杜跃进

总序言

网络安全的科学本质，是理解、发展和实践网络空间安全的方法。网络安全这一学科，是一个很广泛的类别，涵盖了用于保护网络空间、业务系统和数据免受破坏的技术和实践。工业界、学术界和政府机构都在创建和扩展网络安全知识。网络安全作为一门综合性学科，需要用真实的实践知识来探索和推理我们构建或部署安全体系的"方式和原因"。

有人说："在理论上，理论和实践没有区别；在实践中，这两者是有区别的。"理论家认为实践者不了解基本面，导致采用次优的实践；而实践者认为理论家与现实世界的实践脱节。实际上，理论和实践互相印证、相辅相成、不可或缺。彩虹模型正是网络安全领域的典型实践之一，是近两年越来越被重视的话题——"安全运营"的核心要素。2020年RSAC大会提出"人的要素"的主题愿景，表明再好的技术工具、平台和流程，也需要在合适的时间，通过合适的人员配备和配合，才能发挥更大的价值。

网络安全中的人为因素是重要且容易被忽视的，众多权威洞察分析报告指出，"在所有安全事件中，占据90%发生概率的前几种事件模式的共同点是与人有直接关联的"。人在网络安全科学与实践中扮演四大类角色：其一，人作为开发人员和设计师，这涉及网络安全从业者经常提到的安全第一道防线、业务内生安全、三同步等概念；其二，人作为用户和消费者，这类人群经常会对网络安全产生不良影响，用户往往被描述为网络安全中最薄弱的环节，网络安全企业肩负着持续提升用户安全意识的责任；其三，人作为协调人和防御者，目标是保护网络、业务、数据和用户，并决定如何达到预期的目标，防御者必须对环境、工具及特定时间的安全状态了如指掌；其四，人作为积极的对手，对手可能是不可预测的、不一致的和不合理的，很难确切知道他们的身份，因为他们很容易在网上伪装和隐藏，更麻烦的是，有些强大的对手在防御者发现攻击行为之前，就已经完成或放弃了特定的攻击。

期望这套书为您打开全新的网络安全视野，并能作为网络安全实践中的参考。

范　渊

序言

随着全球各行业数字化的进程不断加速，各类新型信息通信技术快速发展，万物互联正一步步向我们走来。同时，网络安全威胁也渗入经济社会的各个层面中，各类攻击的盛行与其手法的持续升级，已使网络安全现进入高对抗的攻防时代。

在国家层面上，网络空间安全已经上升到国家战略层面，网络空间已经成为领土、领海、领空和太空之外的第五空间，是国家主权建设的新疆域。于2016年12月发布的《国家网络空间安全战略》，是我国第一次向全世界系统、明确地宣布和阐述对于网络空间发展和安全的立场和主张。《中华人民共和国网络安全法》于 2017 年 6 月 1 日起正式实施。《中华人民共和国网络安全法》是我国第一部全面规范网络空间安全管理方面问题的基础性法律，是我国网络空间法治建设的重要里程碑。

从企业角度来看，企业网络安全建设旨在保障企业的业务安全可持续发展、保证企业利益相关者生命、财产安全的延续，不断完善企业的网络安全体系架构。然而面临着愈加复杂密集的网络攻击，新漏洞的利用手段层出不穷，黑灰产越来越成熟且组织化，更多未知的攻击机现有的技术手段无法检测到，因此需要一种新型的防御手段，来真正地从"实战"中发现问题、解决问题。紫队将能够通过实战演练和模拟演练等多个维度来全面地测量与改善组织安全态势，使用以"防护—检测—响应—持续改进"为核心的威胁应对流程模型，帮助企业建立起以风险管理为导向的动态防护。

《九维彩虹团队之紫队视角下的攻防演练》是这套书中的紫队分册。本分册将以紫队的概念作为切入点，讲述紫队的整个工作周期，并结合大量具体案例展示其改善组织安全态势的能力。希望本书对于想要开展紫队运营的企业组织能够带来一些参考，对于安全同行能够给予一定的启发。

编 者

目　录

九维彩虹团队之紫队视角下的攻防演练

第1章 紫队介绍

随着国内网络安全行业的发展，以国家网络安全法、网络安全合规，以及网络安全抽象模型为核心驱动的安全服务已无法再满足当下的企业安全建设和运营的需要。从美国"网络风暴"到北约"锁盾"演练，再到国内相关部门联合各大网络安全公司组织的攻防演练，全球实战化的趋势日益凸显。无论是国家关键基础设施保护、企业安全建设和运营，"以攻促防"和"以攻促建"的核心理念在安全领域都发挥着举足轻重的作用。

1.1 紫队概念

红队、蓝队、紫队的概念如图1-1所示。

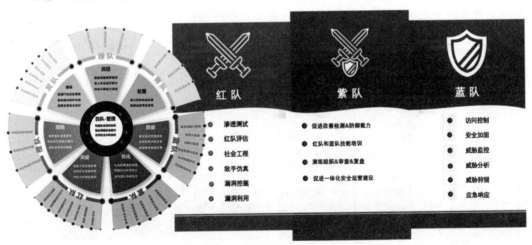

图 1-1　红队、蓝队、紫队的概念

红队和蓝队的概念来自早期的军事领域，用于描述敌我双方态势以及行军计划图等。而在网络安全领域的攻防演练中，红队通常代表"攻击方"，蓝队代表"防守方"。红队专家通过发起攻击或采用攻击模拟的方式来验证组织防御的有效性；蓝队专家抑制和检测威胁并处置相关攻击事件。随着企业面临更复杂多元的高级威胁与挑战，一种红队和蓝队高度融合的新型团队——紫队，在过去几年内开始崛起。紫队是红队和蓝队的融合，红队和蓝队共享威胁情报与技术，为共同的工作目标而努力。从威胁管理的视角，紫队会通过实战演练和模拟演练等多个维度来全面测量与改善组织安全态势，促进红蓝双方的协作，迭代优化防御体系，全方位提升企业安全能力。红队、蓝队、紫队渗透测试的区别如图1-2所示。

	蓝队	红队	紫队	渗透测试
目标	缓解和检测网络攻击	验证防御体系有效性	改善组织安全态势	寻找安全漏洞
范围	整个组织	整个组织	预设靶标系统	预设应用系统
方法	N/A	真实攻击/攻击模拟	实战量化/威胁管理	N/A
工具	EDR/SIEM等安全产品	红队武器库	ATT&CK/演练平台	渗透测试工具
定位	持续/7×24	周期性评估	安全运营	开发生命周期

图 1-2　红队、蓝队、紫队渗透测试的区别

1.2 紫队技术

在攻防演练中，突破企业边界常见的手段有Web攻击、邮件钓鱼、安全设备攻击、供应链攻击和近源攻击等，在红队成功突破边界以后通常会先稳固初始系统的权限，然后才开始企业内网横向攻击，如内部侦查、数据分析和横向移动等操作。

攻击者的技战法具有复杂且多样化的特点，安全团队很难将攻击者完全"拒之门外"。根据网络安全木桶理论，安全体系中任何一环出现问题，攻击者都有可能以点破面，最终获取重要的业务系统权限和核心数据。网络空间充满挑战，攻击者有足够的时间、精力和资源来获取初始访问权限，因此没有绝对安全的组织。攻防演练战术示意如图1-3所示。

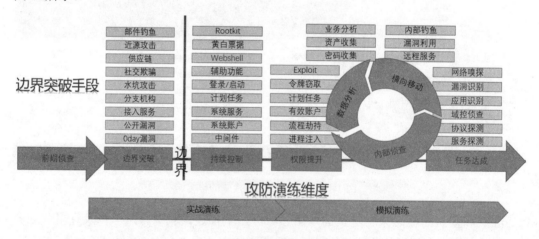

图 1-3　攻防演练技战术示意

假设我们的组织一定会被攻击者攻破，提升检测与响应的实效性就变得尤其重要，对安全需求较高的企业应该定期组织攻防演练，将红蓝两队高度融合的紫队纳入安全运营体系中，建立常态化的演练机制，通过威胁量化框架（如ATT&CK）进行较为客观的安全评估与优化，更为科学地通过攻防演练来改善企业安全态势。ATT&CK框架界面图如图1-4所示。

图 1-4　ATT&CK 框架界面图

　　无论是实战攻防演练，还是模拟攻防演练，我们都可以利用威胁量化管理工具进行管理，将整个攻防过程记录到管理工具上，用于演练结束以后的复盘整改，以及下次攻防演练与企业次年安全规划和预算的参考依据等。

　　企业也可以构建自己的攻防知识库，让红队和蓝队通过知识库来沉淀威胁情报、攻击用例、检测规则等，这些安全研究成果可用于攻击模拟计划的制定和自动化威胁评估平台的建设中，为威胁检测与响应优化提供参考依据。

1.3　紫队组成

　　攻防演练人员与职责如图1-5所示。

人员	角色	职责
安全负责人	发起人	项目审批
威胁分析师	发起人	映射ATT&CK威胁情报
红队管理	发起人	确认目标与参与人员
蓝队管理	发起人	确认目标与参与人员
红队	参与者	实战演练与模拟演练
蓝队（SOC）	参与者	威胁检测与分析
威胁猎人	参与者	狩猎剧本编写与实施
应急响应	参与者	处理演习事件
项目经理	协调人	负责项目协调、记录等

图 1-5　攻防演练人员与职责

　　在每一场攻防演练开始之前，项目经理需要定制详细的演练实施计划，以及明确红队和蓝队各方的职责等。

1. 安全负责人

负责攻防演练项目审批的管理层，为攻防演练提供支持，其中包括演练目标、演练范围、演练预算等。在管理层审批以后由项目经理明确项目参与人。

2. 威胁分析师

威胁情报使企业能够及时预测变化并采取有效的行动。威胁分析师专注于数据搜集和分析，以便更好地了解组织面临的威胁。在攻防演练中，威胁分析师通过提取对手的攻击行为，包括战术、技术和过程（TTP），以及攻击工具来创建不同类型的威胁场景，再将其映射到ATT&CK或其他攻击量化框架。

3. 红队

实战演练：红队在实战演练前需要清楚攻击目标范围和攻击手段授权情况，以及部署攻击队所使用的基础设施等。演练中会针对目标进行信息搜集，并在授权范围内无所不用其极地突破目标层层防护，获取入口权限再进一步横向扩展，直至获取靶标及重要业务系统权限、核心数据。

模拟演练：红队在模拟演练前需要在测试环境中部署靶机和模拟演练平台，准备模拟场景所需要的工具等。演练中"攻击者"模拟特定的威胁场景，如勒索软件、活动目录、APT组织等针对性的威胁，并将整个威胁过程同步至平台，形成量化评估结果，如检测覆盖率、事件源质量等。

4. 蓝队

蓝队（应急响应）：应急响应团队需要在攻防演练前准备应急响应预案，在演练期间按应急响应制度和流程处置攻击事件，并在演练结束后持续优化应急响应体系。

蓝队（SOC）：针对红队发起的实质攻击或模拟攻击进行检测与分析，持续开发检测规则并减少误报的情况，并联动应急响应，提升平均检测时间（MTTD）与平均响应时间（MTTR）。

蓝队（威胁猎人）：如果组织有威胁狩猎团队，他们需要在演练前分享威胁狩猎剧本，确保使用理想的TTP，同时保持威胁狩猎剧本的更新，以及创建自动化狩猎程序。

5. 项目经理

在攻防演练前按照演练目标和需求定制详细的项目实施计划，演练期间详细记录攻防过程、促进红队和蓝队的协作，在演练结束后组织红队和蓝队进行复盘，最后根据演练的结果以及专家建议促进改善企业安全防御体系。

第2章 实战演练篇

2.1 实战演练概述

2.1.1 背景介绍

美国"网络风暴"演习由美国国土安全部下属网络安全和基础设施安全局主办,从2006年开始,每两年举行一次,迄今已经举行过七次。"网络风暴2020"(Cyber Storm 2020)于2020年8月10日—14日举行。本次演习参与单位包括200余家联邦机构、州政府和地方政府以及一些重要基础设施领域的合作伙伴,超过2万名人员参与其中,达到历届演习活动之最。

本次演习分为攻、防两组进行模拟网络攻防对抗,攻击方通过网络技术、社工手段、物理破坏手段,攻击能源、金融、交通等关键信息基础设施;防守方负责搜集攻击部门的反映信息,评估并强化网络筹备工作、检查事件响应流程并提升信息共享能力。

放眼全球,这不仅仅是一个国家的心血来潮,遥远的大西洋彼岸,欧洲大陆上多支虚拟队伍也在展开激烈的争夺战——"网络欧洲2020"。

演习活动场地分布在整个欧洲的几个中心地带,并由演练控制中心统一协调。参加演习的人员来自欧盟各成员国的网络应急机构、电信、能源企业、网络安全部门、金融机构、互联网服务提供商,以及其他私营公司和公共组织。

除了这些国家、地区级别的演练活动,越来越多的行业、跨国企业都开始加入这一行列,其中以金融和能源领域显得尤为突出。

第5次"量子黎明"演习网络安全演习(Quantum Dawn V)由美国证券业及金融市场协会(SIFMA)于2019年11月举办,美国、日本、加拿大等9个国家和地区的180多家金融机构和政府机构的600多名人员参与,参与者可以在各自国家参与,通过邮件、电话等方式通信,以增强演习的真实性。本次演习演示了全球网络中断情况下,各机构领导者如何共同协作建立响应和恢复能力,测试金融行业在运营弹性上的表现。

能源业的北美"电网故障"(GridEx),由北美电力可靠性公司(NERC)的电力信息共享和分析中心(E-ISAC)主办,每两年举办一次。第五次(GridEx-V)演习在2019年11月13日—14日举办,由管理层桌面会议和分布式演习场景执行两部分组成。管理层桌面会议的参与者来自电力行业、跨行业合作伙伴和政府的100多名高管和员工;分布式演习参与者包含526个组织的7000多名参与者,包括天然气公用事业、水公用事业和电信公司等。该演习展示了公共事业是如何对虚拟网络和物理安全威胁和事件做出响应并恢复，如何加强在危急时刻的沟通关系，并为汲取的经验教训加大投入。

视线转到国内，各省市、各行业监管单位同样在如火如荼地开展各类针对不同领域的网络攻防演练，既有针对传统互联网的查漏补缺型演练，也有针对"云计算"和"物联网"等新兴行业的探索型演练，而一些互联网龙头企业的加入也让演练规模和水平得到进一步的提升。

正是在这一大背景下，网络安全实战化的攻防演练作为国家层面促进各个行业重要信息系统顺利建设、加强关键信息基础设施的网络安全防护、提升应急响应水平等的关键工作，以实战、对抗等方式促进网络安全保障能力提升，具有非常重要的意义。

同时随着大规模攻防演练活动的开展，如何根据当下热点问题合理设计演练方案，有效组织人员开展演练，提升红、蓝攻防对抗演练效果，让攻击方最大限度地挖掘潜在问题，让防守方对自有系统、网络存在的问题做出更加准确地判断成为活动组织方越来越关注的重点。

2.1.2　法律法规

关键信息基础设施是网络安全的重中之重，是关乎国家安全的命门所在。加快推动关键信息基础设施立法，推动安全保护体系框架不断健全是必由之路。

2021年8月，国务院发布《关键信息基础设施安全保护条例》。该条例的颁布实施既是落实《中华人民共和国网络安全法》要求、构建国家关键信息基础设施安全保护体系的顶层设计和重要举措，更是保障国家安全、社会稳定和经济发展的现实需要。

而攻防演练中针对的目标绝大多数都属于关键信息基础设施，这就很好地将演练和实际的保护工作结合起来，通过演练发现问题，从而推动相关责任单位优化提升关键信息基础设施的保护措施。反过来讲，由于这些设施的重要性，这也要求我们的组织者充分了解这些关键信息基础设施的特点，在演练开展中不仅要针对性地找出它们存在的问题，也要避免因为演练的开展影响关键信息基础设施的正常运行。

《中华人民共和国数据安全法》于2021年9月1日起正式实施。《中华人民共和国数据安全法》与《中华人民共和国国家安全法》《中华人民共和国网络安全法》《网络安全审查办法》共同构成我国数据安全范畴下的法律框架。《中华人民共和国数据安全法》作为我国第一部专门规定"数据"安全的法律，明确对"数据"的规制原则。

《中华人民共和国数据安全法》第四条明确"维护数据安全，应当坚持总体国家安全观"，并将"维护国家主权、安全和发展利益"写入本法的立法目的条款中。随着世界数据化进程的加快，各企业商业模式也在随之改变，例如，采用基于数据智能驱动的商业模式的公司"滴滴"，这些公司在运营过程中无可避免地涉及数据使用的一系列问题。随着数据跨境流动等趋势的愈发常见，数据已然转换为关乎国家安全价值的利益形态，特别是当其掌握的数据足够丰富时，经过数据分析处理得出的结果极可能包含国家隐私核心数据，这些核心数据的不当使用可能引发国家安全问题，主要包括涉及国家安全数据的审查、境外数据对国家安全的侵犯和相关数据的境外传输问题。《中华人民共和国数据安全法》从数据全场景构建数据全监管体系，明确行业主管部门对本行业、本领域的数据安全监管职责，指出公安机关、国家安全机关等依照本法和有关法律、行政法规的规定，在各自职责范围内承担数据安全监管职责。

这一法规的实施，让攻防演练的实际开展，尤其是对演练中涉及数据部分的处理有了明确的法律依据。通过实际的攻防动作，准确模拟敏感数据在产生、传输、处理、存储等多环节上的攻防交互，更好地论证一些现有的数据保护策略。

同样在数据定义方面也能更加直接地界定哪些数据属于敏感数据，并对数据的等级进行严格的区分，依据不同的数据等级设计各种符合相关要求的攻防场景。

2.2　实战演练的组织与筹备

一场实战演练的开展主要分为"组织规划阶段"和"协调设计阶段"，下面我们会针对这两大阶段进行深入解析。

2.2.1　组织规划阶段

演练组织规划阶段需要对演练进行科学的组织、调研及设计工作，合理的统筹组织，精准地规划设计，为后面活动的开展落地打下坚实的基础。

2.2.1.1　演练人员组织

演练的核心在"人"，所以以人为本的宗旨必须充分贯彻到演练的正常开展中来，尤其是在人员组织工作方面更需要我们牢记这一宗旨。

这便要求活动组织方不仅要在一开始就成立一个核心组织来指导整个人员组织工作的开展，后续还要划分好不同的职能部门，同时还要在具体的工作开展中落实细化各项工作细节。

1．成立演练指挥部

一般应成立由主办方领导任指挥长的演练指挥部，加强演练的组织领导。指挥部下设专家组和保障组。指挥部确定攻防双方和演练目标系统，组织制定演练方案，搭建演练环境，组织技术支撑单位，对参演各方进行培训宣贯，明确演练要求，具体指挥部各方如表2-1所示。

表2-1　指挥部各方分工

负责组	单位名称	工作职责
指挥部	客户单位	负责统一部署、统一指挥。由指挥长、指挥员等组成
	客户单位	负责指导、协调，总体把控
	技术支撑单位	1）负责演练方案、演练脚本和各类总结报告的编写工作 2）负责攻防过程中实时状态监控、阻断非法操作等。维护演练IT环境和演练监控平台的正常运转 3）负责整个活动的保障工作，如场地、供电、网络、硬件等后勤保障工作
	客户单位	负责指导、协调，总体把控
	技术支撑单位	1）负责对演练整体方案进行研究把关，在演练过程中对攻击效果进行总体把控，对攻击成果进行研判，负责演练中的应急响应保障演练安全可控 2）负责攻防演练过程中巡查各个攻击小组的攻击状态，监督攻击行为是否符合演练规则，并对攻击效果进行评价，对攻击成功判定相应分数，依据公平、公正的原则对参演攻击团队给予排名

2．演练职能部门设置

良好的部门划分是演练人员组织开展的必要途径，优秀的组织结构清晰界定了各部门间的职能范围，最终保障各部门之间合作的顺利开展。

下面我们将按图2-1所示的攻防演练的组织架构图来举例介绍各部门划分的依据及具体负责的职能范围。

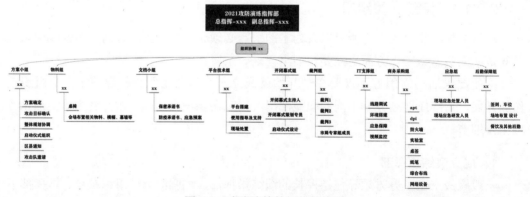

图2-1　攻防演练的组织架构图

按照演练工作开展的具体要求，演练组织大致可划分为9个小组。

1）方案小组

（1）设立初衷：由于演练方案涉及内容众多，需要成立独立的方案小组负责准备阶段整体方案设计、审核，负责演练执行阶段的监督指导工作，同时该小组作为现场总指挥的角色，把控整场演练的正常开展。

（2）职能：负责编写"演练总体方案""现场布置方案""攻防模拟脚本"等文档，

并在演练开展后，现场指导各协调部门落实方案中涉及的具体内容，每天做好"攻防演练组织"复盘工作，及时优化存在的问题。

（3）人员构成：5～6人，包括"演练主办方""紫队组织者""攻防演练专家团代表""裁判委员会代表""后勤负责人"等关键人员。

2）文档小组

（1）设立初衷：鉴于攻防演练活动中复杂多样的文档内容，以及部分文档包含敏感信息的情况，针对文档的生命周期管理就显得尤为重要。

（2）职能：负责整场活动各类文档的设计、管理、分发工作，包括且不限于文档模板的制作，通告函件的撰写，涉密文档的鉴定、保存、传递、销毁等内容。

（3）人员构成：2～3人，包括总负责人、文档编辑专员、文档审核保密专员等。

3）IT 支撑组

（1）设立初衷：网络攻防演练的开展依托于互联网，数字化，不仅在演练开展中需要有强有力的网络保障，同时也需要通过各种先进的媒体方式尽量还原攻防的实时情况，所以需要针对IT系统的部署、现场网络的建设和保障工作成立专门的部门。

（2）职能：IT支撑小组负责整场活动IT方面的技术支持工作，包括现场网络的搭建，视频监控系统的部署，以及部分IT系统的技术支持工作，例如"电视大屏投放系统""现场声音系统""线上视频会议系统"的现场保障工作。

（3）人员构成：2～3人，包括网络技术支持、系统技术支持、多媒体技术支持等。

4）平台技术组

（1）设立初衷：演练过程与结果的呈现将极大程度上依赖演练平台的展示，保障演练平台的高可用就成为必不可少的因素，而平台的专业性也需要专业的人员进行对应的实施与保障。

（2）职能：平台技术支持小组需要负责演练所用平台的安装、调试以及现场保障等工作，同时做好准备阶段与演练平台产品组相关功能定制跟踪任务，按期保证演练平台的交付任务。

（3）人员构成：2人，包括一名熟悉演练平台的主要技术负责人及一名应急联系人。

5）应急组

（1）设立初衷：针对演练中可能出现攻击选手的行为导致防守方重要系统业务运作异常或者涉及相关单位及行业敏感信息的情况，需要成立应急支撑小组，统一协调指挥，规避潜在风险，防范发生影响公共系统稳定、重要数据外泄等社会影响恶劣的事件。

（2）职能：负责应急事件定义规则、具体执行流程的编写工作，主导应急事件发生时的研判、指挥、处置工作，负责应急事件结束后的总结报告撰写工作。

（3）人员构成：3人，包括"演练主办方授权代表""紫队代表""专家顾问团代表"。

6）开闭幕式组

（1）设立初衷：演练的开闭幕式往往会邀请各方嘉宾，不论是抛砖引玉的开幕式，还是画龙点睛的闭幕式，都将在一定程度上提升整场演练的最终效果，所以通过设计开闭幕式小组统筹安排就显得尤为重要。

（2）职能：负责正常演练中开闭幕式环节的各项工作事项，包括但不限于"启动仪式设计""领导致辞环节设计""总结大会设计""各方人员协调""各项音视频内容制作"等工作。

（3）人员构成：3人，包括"开闭幕式主持人""开闭幕式策划专员""演练主办方授权代表"

7）裁判组

（1）设立初衷：无规矩不成方圆，为了保证演练的公平性，同时也是为了促进演练各方的积极性，需要专业的裁判小组来指导和制定演练开展中的评分细则，并最终落实到演练中去。

（2）职能：根据实际情况编写符合当前演练的"红队"和"蓝队"评分细则，包括具体的加减分项要求，以及对应的加减分幅度。另外还需要提前制定超出范围内容的加减分规则，例如，重大突破的加分规则，反之也要有重大失误的惩罚规则。

（3）人员构成：2～3人按演练规模适当调整 有攻防双方的专家组成，并选取一名较高级别人员作为裁判长统筹整体工作。

8）商务采购组

（1）设立初衷：在演练准备阶段，会有较多的商务采购需求，成立商务小组是为了更好地统筹预算，做好活动中外部采购的价格谈判、进度跟踪，同时在内部资产发放、使用方面也可以做到有条不紊，记录清晰，避免资金的滥用。

（2）职能： 负责活动涉及物资、服务的商务合同谈判及采购落实事项，负责内部资金的申请，资产使用记录等内容。

（3）人员构成：1～2人，1名负责外部采购，1名负责统筹管理。

9）后勤保障组

（1）设立初衷：演练活动的开展本质上还是人，这就需要有专门的后勤保障团队针对红蓝双方的成员以及裁判、专家等参与方，做好餐饮、交通、会务、物业、水电通信等方面的具体保障。

（2）职能：餐饮方面负责午餐、晚餐、茶点的提供，交通方面提供停车指引、接驳等服务，会务及物业方面做好现场人员协调，确保演练场地安全、安静、安心。

（3）人员构成：3～4人组成，1名总沟通人，1名会务负责人，1名物业负责人，1名餐饮负责人。

3．人员组织工作的具体开展

明确具体的职能分工后，需要细化具体的人员组织开展规则。比如，人员的选拔、任用，关键岗位人员的备份，部门间联络的开展等内容。

（1）人员选拔。

采用主动报名及相关部门负责人指定的形式，要求有一定的专业背景，有相关演练组织经验者优先。

（2）人员任用。

考虑到演练的涉密性质，需要在人员任用初期开展保密培训，了解一些基本的保密事项。同时被任用人员还要做好时间档期的安排工作，保证演练开展期间的时间专属性。

关键岗位人员的备份：

另一方面，针对包括总指挥，各小组负责人，关键联络人，关键设备、技术负责人都需要备份人员的安排，同时做好备份人员的工作事项信息同步。

协作开展指导思想：

（1）目标一致，在一个组织内，如果每一个成员的一切活动都是朝着同一个整体目标，这个组织必然是有效的。

（2）明确等级，从组织的最高层到最底层，他们握有的权力和责任沿着直线垂直分布，形成一个分明的等级制度。

（3）例外原则，指组织的最高层管理者不是把所有的权力都集中在自己手中，而是将一般规范化的决策交由下级去处理，上级只保留对例外事项的决策或控制权。现代管理的集权与分权即由此演变而来。

（4）统一指挥，在一个组织内，每个人都只能有一个直隶上司，只接受一个上司的命令，向一个主管领导负责并报告工作。

（5）权责相当，在规定下级责任时，必须同时授予完成职责所必需的权限，两者必须相当。否则，下级就很难完成上级所赋予的任务。也就是要求上级用人不疑，充分授权，使下属能够顺利完成自己的任务。

（6）控制幅度，控制幅度是指某一个管理人员直接有效指挥监督下属人员的数量不宜过多。由于一个人的精力、时间有限，且工作性质和复杂程度亦不同，因此，必须确定合理的管理幅度。

（7）划分部门，一个组织要有效率，必须按专业化分工的要求，把组织划分成几个部门，选择匹配适宜的专业人员进行工作。

（8）协同配合，即组织内部的每一个成员在分工的基础上进行合作，协调一致地位完成共同的目标而努力工作。

（9）授权责任，主管负责人把上级授予他的权职转授给下属，若下属出现问题，转授权职的人要负全部责任。

2.2.1.2 演练需求调研

需求调研是攻防演练的首要环节，决定后续的工作方向。需求调研主要针对此次攻防演练的背景、相关单位、参与人员、演练目标、演练的主题、演练预算、演练地点及演练时间等内容进行明确，并对后续的工作内容进行职责划分。

调研的形式可以是线上线下两种模式，线上主要是针对调研内容进行逐一确认，如有些内容需要需求方领导核准的，还需调研人员进行多次确认沟通事项。最终可以通过线下和需求部门面对面沟通的方式明确此次攻防演练的具体需求，并输出《需求调研表》，如图2-2所示。

演练筹备阶段（需求调研表）			
序号	事项	说明	结果
1	背景	了解演练背景	
2	相关单位	确认演练的指导单位、主办单位、承办单位。	
3	攻击方	确认演练攻击方（团队名称、团队数量、人数）	
4	防守方	确认演练防守方（团队名称、团队数量、人数）	
5	裁判	确认演练裁判（组成单位、人数）	
6	演练目标	确认演练目标（内网目标、外网目标、公共目标、私有目标）	
7	演练的主题	确认演练主题	
8	演练预算	确认演练预算	
9	演练地点	确认演练地点	
10	演练时间	确认演练时间	

图 2-2 需求调研表

2.2.1.3 演练总体规划

关于演练的一切设计目的都是为了让演练成为确实能有效推进网络安全水平提高的良性互动，避免活动落入只叫好，不产生实际价值的尴尬处境。所以在需求调研之后，需要对演练进行快速地总体规划，针对前期的需求调研结果给出一个符合需求部门要求，并具备可实施性的初步规划方案。

具体来说，一场完整的攻防演练可以从以下几个纬度对其进行精准定位。

1. 演练时间选择

对于活动策划来说，时间是比较核心的一个部分，时间的选择是否合适能决定活动策划的成功程度。

时间作用是影响活动策划的成效，主要体现在活动出席人数、出席者的逗留时间、受注意程度。例如，活动时间安排在工作日的晚上，第二天出席者多需要上早班，则会出现出席者逗留时间短的情况，活动很难在出席者心中留下深刻的印象，活动效果也会不佳。

具体来说根据演练规模和跨度的情况，需要草拟具体的演练工作计划，并在演练启动会上协商各部门确定该工作计划，需要准确落实到时间、人员、任务，时间粒度需要精确到天级，同时需要针对这些计划添加确认机制，及时发现延期问题，并要求负责人第一时间跟踪解决。

2．演练地点选择

活动场地的选择是活动策划方案中的重要内容之一，做活动需要选择适合的场地，而一个适合的场地可能会给活动带来意想不到的效果，然而，适合做活动的场地实在是太多了，酒店、会展中心、产业园、主题场馆等都可以。那么应该如何选择活动的场地呢？

可以从以下几个方面进行考虑对比，相信就能选择适合自己活动的场地了。

（1）活动规模。

参与活动的嘉宾数量是多少人？是1～50人、50～100人、100～200人、200～500人，还是500人以上。人数的多少基本能判断适合在什么场地举办活动（例如，11～50人适合在大型会议室、主题场馆，不适合在酒店、会展中心。500人以上适合在大型会展中心、大型酒店大厅。100~300人基本场地都适合），所以主办方应首先考虑要邀请的人数，根据人数选择适合的场地，避免场地定得过大造成浪费，也避免场地过小造成拥挤。

（2）活动类型。

演练活动的开展也会有不同的类型，比如偏向对外展示的，偏向内部攻坚的。不同主题活动基本能判断适合在什么场地举办活动（例：对保密要求较高的演练活动就需要专业的场地，具有良好的社会安保条件，甚至具有无线电波屏蔽感知类条件的)。

（3）费用预算。

1万元～5万元、5万元～10万元、10万元～15万元、15万元～20万元……预算多少基本能判断适合在什么场地举办活动

（4）交通成本。

参与活动的嘉宾是自己前来参加活动还是主办方统一安排车辆？如果是自己前来，场地一般选择在市内交通方便的地方，临近环路或者临近地铁。如果是主办方统一安排车辆，场地一般选择在环境优美的地方，体现主办方的别出心裁和与众不同。

（5）提供服务。需要考虑以下问题。

- 场地整体装饰风格是否符合本次活动要求？场地长宽高是否能达到活动要求？签到区、休息区空间是否能满足活动要求？
- 场地方是否免费提供贵宾休息室、饮用茶水，鲜花布置、贵宾停车位？
- 活动的搭建时间、彩排时间、正式使用时间、场地押金等收取费用要求？
- 场地可供使用电量？是否免费提供舞台、音响、投影等设备？
- 场地进出货通道是否顺畅，便于设备运输？
- 场地地毯或地瓷砖有无特殊保护要求？
- 场地方对于举办的活动有无消防检查和安保措施的要求？
- 场地方提供的茶点和晚餐、自助餐的费用和标准？

选择活动场地的时候，从以上5个方面来考虑，基本可以挑出2～3家场地，然后再实地考察，结合各自的优缺点，选择一家合适的场地。举办一场成功的活动具有非常重要的

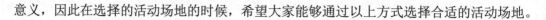
意义，因此在选择的活动场地的时候，希望大家能够通过以上方式选择合适的活动场地。

3．演练主题选择

需要结合当年主流的网络安全事件、热门漏洞、流行病毒等情况，对场地布置、宣传口径做相应的调整，当然也要兼顾演练发起方提到的一些关键需求点，例如，当年"勒索病毒"比较流行，就可以在主题上突出整个演练中对这一热门问题的攻防交互细节。

4．演练目标选择

通过主题延伸到攻击目标的选择，有针对性地选择一些会涉及主题相关的行业或者是有使用该类型系统、软件的企事业单位，重点检查这些目标的防护情况和系统所在单位的安全防范意识及应急处置情况。

5．演练节奏把控

每场活动都是一个动态的事件，在方案的细化设计中，需要体现出对每个环节的把控情况。具体可以根据演练历程中一些重要的节点或者可能发生重大事件的情况有针对性地预置推动性文案。例如，有某些重要领导参与，抑或是在演练活动发现一些重大网络安全隐患，可以针对性地突出这些问题，并在可控范围内加强相关单位对网络安全概念的印象，最终去推动一些事项的落地。

6．演练成果利用

可以通过已有的网络安全风险处理流程，指导相关方进行有效的整改，同时也需要积极树立标杆企业，推动标准化进程。利用成熟便捷的解决方案，针对企业顾虑的成本问题，调动网络安全从业企业推出按需购买，弹性可伸缩的网络安全服务。反之，对于网络安全从业企业，也能更好地收获当前环境下企事业单位真实的网络安全业务需求，并将这些内容映射到自己产品的演进路线上来。

2.3　协调设计阶段

根据前一阶段的整体规划结果，在这一阶段需要对每一项内容进行详细、明确的设计，每一点都需要有具体的落实方案以及相对应的指导说明。

2.3.1　演练活动开局

开局阶段通过启动会的形式确定整场演练的工作计划，并最终落实到每项工作内容的具体负责人。

2.3.1.1　演练启动会

演练项目启动会，是演练筹备阶段的里程碑节点，表明已经完成了前期对演练需求调研分析和实施方案的初步设计。项目负责人将根据实施方案中演练组织任务安排及时间规划根据筹备阶段人员组织分工召集演练相关参与人员开展项目启动会。

项目负责人召集演练启动会，首先需要的是明确项目背景及目标，所有的演练参与人要知道演练活动要做什么，各自负责哪些任务。

2.2.1.2 演练工作计划

制定工作计划表，为了更直观地展示各部门具体工作开展情况，启动会结束后，根据启动会具体的任务分工，制定整体工作计划表，具体内容如下，分别包含一个阶段的具体工作内容及预计完成时间，以及对应的第一负责人，保证每项内容都充分落到实处。

演练计划可以分为以下几大阶段，如表2-2所示。

表2-2　演练计划

阶　段	项　目	时间跨度	执　行　人	注意事项
启动阶段	明确演习时间	演练开始前15天	指挥部	明确演练开始时间、结束时间。重点关注演练重要节点具体时间和议程安排，如启动仪式、总结大会等
	通知各被测单位，注意防备	演练前15天	指挥部	提前告知演练防守单位，给予防御部署时间；发放演练规则及注意事项
	明确参加演习的人数	演练开始前10天	指挥部	确认参加团队单位或公司名称，人员姓名、身份证、电话号码等基础信息
	确认评分规则	演练开始前5天	专家、裁判	根据演练目的和目标范围修订演练规则及评分细则。根据指挥部要求制定额外加减分说明
	确认攻击目标及范围	演练开始前5天	指挥部	目标主要包括参演单位、重点系统信息（演练一般非指定目标，重点系统可理解为重点攻击对象）
	通知选手演练注意事项	演练前5天	指挥部	提前签署保密协议；明确防疫要求；自带电脑及其他设备，如网口转接头、口罩
	搜集防守方基础信息清单和信息系统统计表	演练前5天	指挥部	确认参加团队单位或公司名称，人员姓名、身份证、电话号码等基础信息
准备阶段	明确场地布置相关负责人	演练开始前15天	技术支撑单位	负责人统筹演练场地相关所有事项
	完成场地确认	演练开始前15天	技术支撑单位	场地大小、投屏、电源、网络是否满足演练需求
	协调演习场地的带宽	演练开始前15天	技术支撑单位	根据指挥部要求提前采购，一般为双出口百兆带宽负载均衡，可以满足100人规模演练需求
	明确场地可以进行现场部署的时间	演练开始前10天	技术支撑单位	现场部署时间关系到后续正式演练是否能正常进行，需要提前预估现场部署、网络环境调试、平台搭建所需的时间，并做好预留

（续表）

阶　　段	项　　目	时间跨度	执 行 人	注意事项
	明确现场布置需求及相关布置物料准备（布景、工牌、桌牌、横幅、封条、引导牌、启动仪式、易拉宝、奖牌等）	演练开始前10天	技术支撑单位	根据演练主题、口号、主办单位、承办单位等信息设计相关物料并与指挥部确认后，开始制作
	完成网络设备的准备	演练开始前10天	技术支撑单位	提前准备好演练所需网络设备
	完成安全设备的准备	演练开始前10天	技术支撑单位	提前准备好演练所需安全设备，包括防火墙、流量审计、摄像头等
	明确拍摄团队	演练开始前7天	技术支撑单位	提前确认拍摄团队、人员、时间并签订保密协议
	与拍摄团队明确拍摄脚本	演练开始前5天	技术支撑单位	与指挥部负责人沟通拍摄脚本，并同步拍摄团队
	协调演习场地的餐饮安排	演练开始前5天	技术支撑单位	提前与餐饮提供单位明确演练食宿时间、人数、预算
部署阶段	完成现场环境测试	演练开始前5天	技术支撑单位	根据演练情况，完成裁判、攻击团队、防守团队的演练平台测试
	完成平台设备部署	演练开始前6天	技术支撑单位	完成演练平台部署，及信息录入
	完成攻击团队的信息录入、账号开通、防守方信息录入等	演练开始前6天	技术支撑单位	根据前期演练团队信息搜集整理，在演练平台上完成数据录入并开通账号
	防守单位现场部署互联网监控摄像头	演练开始前5天	技术支撑单位	防守单位现场部署互联网摄像头，并测试联通情况
	完成现场相关安全设备部署	演练开始前5天	技术支撑单位	监控设备供应商协调人员支撑安装部署
	完成现场的布置	演练开始前4天	技术支撑单位	完成场地布置包括桌椅、幕墙、横幅、大屏等
	完成现场网络及辅助设备部署	演练开始前3天	技术支撑单位	接入交换机，桌面接入 Hub 等设备部署
	攻击团队将要攻击的防守单位，采用多对多交叉形式，行业类型分配均匀	演练开始前3天	技术支撑单位	目标分类分组，根据目标难易程度进行分级分类

（续表）

阶　段	项　目	时间跨度	执行人	注意事项
	餐饮预订、水、住宿预订、车辆预订	演练开始前3天	技术支撑单位	根据演练时间、参与人数量完成相关事项预定
	完成所有环境准备	演练开始前2天	技术支撑单位	场地负责人最终确认
演练阶段	提前拍摄地市重要领导的采访视频、场地拍摄等	演练中	技术支撑单位	根据拍摄脚本要求，提前到场
	确认选手熟悉环境、签保密协议的时间	演练中	技术支撑单位	选手熟悉环境，调试设备，并签保密协议
	完成账号、IP的分配	演练中	技术支撑单位	
	入场线路引导	演练中	技术支撑单位	需要在选手入场时做好线路引导，避免选手迷路造成入场延误
	启动仪式	演练中	指挥部	按照启动会仪式议程进行
	宣读规则	演练中	指挥部	演练指挥部宣读演练规则
	给攻击团队分配目标	演练中	技术支撑单位	根据目标分组进行随机抽签
	现场拍摄	演练中	技术支撑单位	拍摄团队根据拍摄脚本进行拍摄
	前往防守方应急处置并现场拍摄	演练中	指挥部、技术支撑单位	拍摄团队根据拍摄脚本进行拍摄
	现场监控（相关安全设备操作和监控）	演练中	技术支撑单位	巡场监控，发现违规行为，上报指挥部
	现场裁判	演练中	专家、裁判	现场判分
	攻击成果总结提交	演练中	技术支撑单位	成果上报
总结阶段	攻击成果展示	演练结束	技术支撑单位	演练成果通过演练平台进行可视化展示
	演练后总结点评大会	一般演练结束后第一天	指挥部	根据演练议程进行
	演练结果汇报、总结文档、数据输出、视频剪辑	演练结束后一周	技术支撑单位	根据指挥部要求进行演练成果整理，通报、处置、复测等工作

2.3.1.3 演练重要节点议程安排

演练重要节点，如准备仪式、启动仪式、总结大会，是演练进程中的重要里程碑，往往有各方领导出席参加，为了保障整体会议的顺利进行，需要演练各方参与人员事前做好准备，提前制定会议议程，具体可以参照以下例子。

1．演练前准备仪式

（1）时间：xx月xx日。

（2）地点：xx市xx区xx大厦。

（3）议程。

- 14:00—15:00 选手签到，提交相关材料：如保密承诺书（个人），安全责任承诺书（单位）等。
- 15:00—15:30 场地适应，攻击机检查、安装录屏软件、完成账号、IP 的分配、完成目标分组。
- 15:30—15:45 宣读演练纪律、须知。
- 15:45—16:00 做工作要求。
- 16:00—16:5 演练系统使用培训。
- 启动仪式走台。

2．演练启动仪式议程

（1）启动仪式时间：202x年xx月xx日上午x时x分，时长30分钟。

（2）启动仪式地点：xx市xx区xx大厦。

（3）启动仪式主持人：***副局长。

（4）启动仪式议程：

- 参赛队员代表发言，时间 3 分钟。
- 裁判代表发言，时间 3 分钟。
- xx 领导讲话，时间 5 分钟。
- ***副局长演练前动员讲话，时间 5 分钟；
- 主要领导 xx、xx、xx、xx 共同按手印，宣布演练开始，时间 2 分钟；
- 领导带队巡视演练现场，时间 10 分钟。

3．演练总结大会议程

（1）时间：xx月x日下午15:00。

（2）地点：xx市xx区xx大厦。

（3）主持人：张X锋。

（4）议程：

- 演练短片回顾，3 分钟。
- 现场颁奖，一等奖 1 名，二等奖 3 名，三等奖 5 名（经典案例奖 15～20 个，各家感谢信，现场发放），10分钟。

● 经典案例分享，5分钟（15~20）。

2.3.1.4 演练相关物料准备说明

为满足演练网络要求、平台搭建及现场部署所需，需提前准备类似表2-3、表2-4、表2-5的物料清单。

表 2-3 演练平台相关物料

设　备	型　号	个　数	备　注
服务器			
下一代防护墙			
APT 未知威胁检测			
DPI 全流量深度分析检测			
交换机			
其他			

表 2-4 演练平台相关物料

网络布线清单			
品　名	型　号	数量	备　注
6 类网线			
超 5 类网线			
电源线			
PDU 电源			
插线板			
交换机			
网线			
地槽管			
耗材			

表 2-5　现场部署相关物料

序号	活动物料	描　　　述	尺　　寸	数量
1	椅子			
2	桌子			
3	背景板 1			
4	背景板 2			
5	指引/签到牌			
6	三角 kt 板			
7	工作证件			
8	讲台包边			
9	队伍名帖			
10	横幅			
11	小册子			
12	启动仪式道具			
13	现场部署图设计			

2.3.2　演练核心内容设计

演练活动的核心内容将围绕着"队伍规划""目标分配""成果研判"以及"演练的保障措施"等演练息息相关的内容进行展开设计。

2.3.2.1　红蓝队规划

遴选攻击队伍，加强安全管控。从公安机关、重要行业、社会力量中遴选政治可靠、技术过硬的攻击手，经严格背景审查后组成攻击队伍，在指挥管控下开展攻击操作。

1. 背景审查

演练指挥部需对参演人员进行背景审核，确保演练过程安全可控。

一是由攻击单位本次参演负责人对参演人员初步审核，确保选派人员政治可靠，表现优异。

二是组织专家进行二次审核，对备选人员职业操守，口碑进行评测，对于一些曾经有过非法拖库、违规出售数据、贩卖网站漏洞等违反网络安全法律法规的人员一律不允许参与演练。

三是要求对参演人员进行违法犯罪记录及社会背景的核实，确保参演人员没有违法犯罪记录。参演的攻击方及个人均应与公安机关签署保密协议，承诺不泄露、不利用演练过程中接触到的重要数据和发现的系统漏洞。

2．协议相关

由于演练特殊保密性质，相关内容和结果不对外公开通报，各地工作过程中严格遵守保密纪律，同时务必做到如下要求：1．未经允许不得对外泄露本次演习时间和内容；2．应急响应处置过程中，除经指挥部许可外，不得对相关单位提及演练事宜。3．由演练指挥部统一规定，各参演单位、相关人员需要签署安全责任承诺书（单位）、保密承诺书（单位）、保密承诺书（个人）等。

3．目标遴选和分配

由指挥部统一安排本次攻防演练参与单位进行重点目标上报工作，由专家组进行目标分组，并采取抽签的方式分配给各个红队小组。

攻击目标一般分为两类二级，即分为固定类目标、公共类目标，从难到易分为I级和II级。

每支参赛队伍将随机分配固定类目标若干个，其中包括I级、II级目标；所有队伍将随机平均分为几个大组，每个大组分配公共类目标若干个。公共类目标可被大组中任意队伍攻击，当目标被"打穿"退出演练范畴后，裁判会通知停止攻击，其余攻击队伍停止攻击该目标，裁判组将预留半小时供相关队伍提交剩余报告。为保障演练效果，固定类目标拿到后2天内未获得成绩的，指挥部会将此目标分配给其他队伍。

（1）队伍邀请函，可以参考以下格式。

关于选派人员参加"xxxx"
网络攻防演习的通知

"攻防演练 xxxx"各攻击团队：

为贯彻落实中央领导批示要求，进一步提升我省关键信息基础设施整体安全防护水平，xxxxxxxx 决定于 7 月开展一次代号为"攻防演练 xxxx"的网络攻防演习。经考察研究，特邀请你单位作为攻击方参与本次演习，请选派 x 名网络攻防技术人员组成攻击团队，并由 1 名领导带队于 x 月 x 日某时在省 xxxx2 号楼三楼会议室参加部署会。请你单位重点做好以下几项工作：

一、精心挑选、严格把关，选拔政治可信、技术过硬的网络攻防技术人员组成攻击团队

本次演习内容敏感，请你单位按照以下要求做好参演人员筛选工作：一是参演人员必须为本单位正式员工，要加强选派人员的从业背景审查，参演人员必须确保政治可靠、没有任何违法违规记录。二是确保攻防演习效果，请你单位精心挑选网络攻防技术实力强、配合默契的技术人员组成攻击团队，确保参演团队能够代表你单位技术实力。三是在部署会现场提交《"攻防演练 xxxx"演习攻击方参演人员报名表》（附件一）并加盖单位公章。四是攻击队伍在各自单位设立独立工作场所，由当地公安机关派员驻场监督部署和组织实施，按照演习要求搭建相应网络环境，确保安全可控。

二、接受指挥部民警监督，严格遵守各项管理规范

各攻击团队要高度重视此次演习，接受指挥部人员监督。为确保演习安全可控，请你单位严格按照演习工作要求，只允许使用报备指挥部的 IP 地址开展演习工作。如需在攻击场地外实施攻击操作的，应向指挥部申请，得到批准后由驻场人员陪同前往。

三、本次演习内容敏感、注意保密

本次演习不宣传、不报道，不允许将与本次演习相关的任何材料上传至互联网，未经授权的情况下不得向外界公布演习过程和演习结果，严禁将演习过程中发现的网络安全漏洞隐患外泄或非授权使用。一经发现以上情况，将立即终止你单位参演资格并作通报批评。你单位所有参演人员均须签署保密承诺书（附件三），加盖你单位公章，向指挥部提交。

四、法律责任

本次演习中，未经指挥部同意授权的攻击一律视为非法攻击，将按照《中华人民共和国网络安全法》要求追究攻击者、攻击团队及其所属单位的法律责任，构成犯罪的将追究刑事责任。

xxxxxxxxxx 单位

（2）参演人员信息搜集。

对于确认参加的人员，还需要做好信息搜集工作，可以参考如表2-6所示的演习报名表。

表2-6　演习报名表

"xxxx"演习报名表				
单位名称				
演习负责人		手机、邮箱		
团队名称		团队人数	（包含替补队员）	
单位 详细地址				
团队人员详细信息				
序号	姓名	身份证号	职务	联系方式 （手机）
单位意见	负责人签字： （单位盖章） 年　　月　　日			

2.3.2.2　演练成果判定标准

1．评分标准

网络攻防实战演练需要按照统一的评分规则对攻防双方进行打分，并构建包括队伍、人才、目标、单位、典型案例等内容的档案。本次演练考核细则按照内容分为加分项和减分项。演练指挥部需要组织专家、裁判人员根据本次演练的对象、目标以及演练的目的修订演练攻防成果的评分规则，并根据演练要求出具额外加减分规定。具体评分规则参照附件。

2．制定约定措施

指挥部制定攻防演练的约束措施，明确规定攻防操作限定规则，确保攻防演练能够完全可控开展。

（1）演练限定攻击目标系统，不限定攻击路径。

演练时，可通过多种路径进行攻击，不对攻击方采用的攻击路径进行限定，在攻击路径中发现的安全漏洞和隐患，攻击方应及时向指挥部报备，不允许对其破坏性的操作、避免影响业务系统正常运行。

（2）除特别授权外，演练不采用拒绝服务攻击。

由于演练在真实环境下开展，为不影响被攻击对象业务的正常开展，演练除非经指挥部授权，不允许使用SYN FLOOD、CC等拒绝服务攻击。

（3）关于网页篡改攻击方式的说明。

演练只针对公安网相关信息系统的一级或二级页面进行篡改，以检验防守方的应急响应和处置能力。演练过程中，攻击团队要围绕攻击目标系统进行攻击渗透，在获取网站控制权限后，先请示指挥部，指挥部同意后在指定网页张贴特定图片（由指挥部下发）。由于攻击团队较多，不能全部实施网页篡改，攻击方只要获取了相应的网站控制权限，经报指挥部和专家组研究同意，也可计入分数。

（4）演练禁止采用的攻击方式。

一是通过收买防守方人员进行攻击；二是通过物理入侵、截断监听外部光纤等方式进行攻击；三是采用无线电干扰等直接影响目标系统运行的攻击方式。

（5）非法攻击阻断及通报。

为加强攻击监测，避免演练影响业务正常运行，指挥部组织技术支持单位对攻击全流量进行记录、分析，在发现不合规攻击行为时，阻断非法攻击行为，并转人工处置，对攻击团队进行通报。

（6）信息篡改。

针对攻击目标的业务网络，攻击方通过控制网关和路由等网络关键节点，利用流量劫持、会话劫持等中间人攻击手段修改正常的网络服务业务传输数据，导致正常产生的业务被恶意利用。当攻击者已渗透到能够进行业务篡改操作时，可以用目录结构、屏幕截屏的方式来记录攻击效果，并与指挥部取得联系，在其确认攻击效果后即可遵循演练规则，中止攻击。攻击者应在完成演练后协助指挥部回溯攻击过程。

（7）信息泄露。

当攻击方渗透到能够获取包含大量机密信息或敏感信息的关键阶段时，应及时暂停攻击并与指挥部取得联系，在攻击效果被确认后即可遵循演练规则，终止攻击行为，并在演练后协助指挥部回溯整个攻击过程。演练中应严格禁止使用"拖库"等手段，造成业务系统信息泄露的严重后果。

（8）潜伏控制。

攻击方利用各种手段突破防火墙、安全网关，入侵检测设备、杀毒软件的防护，通过在目标主机和设备上安置后门程序获得其控制权，在真正攻击行动未开始前保持静默状态，形成"潜伏控制"。在经指挥部允许后，攻击方可上传小型单次的控制后门，并在演练后为攻击过程的回溯提供协助。演练中，严禁攻击方上传BOTNET或者具有自行感染扫描却无法自行终止卸载的样本。

3．网络攻防演习"十禁止"

（1）禁止对无关人员谈论或泄露演习工作相关内容。

（2）禁止将演习中的相关数据接入互联网。

（3）演习实施阶段，禁止攻防双方私下交流。

（4）禁止对任何系统进行破坏性操作。

（5）禁止采用收买防守方人员、物理入侵、截断监听外部光纤、采用无线电干扰等直接影响目标系统运行的攻击方式进行攻击，攻击方式不能损害人身安全。

（6）禁止使用非报备IP和跳板机进行攻击。

（7）未经演习指挥部批准，攻击队伍不能擅自变更参演人员。

（8）未经演习指挥部批准，攻击方禁止对关键部位进行攻击操作。

（9）禁止使用具有自动删除目标操作系统文件、损害引导扇区、主动扩散、感染文件、造成服务器宕机等破坏性功能的攻击工具。

（10）禁止泄露和非授权使用演习中发现的系统隐患和漏洞。

● 演练排名及额外加减分规定说明。

演练排名：

根据攻防双方在演练过程中实际攻防情况，经裁判组判定给出的分数排名，排名可以体现攻击队的真实技术水平和人员投入情况，以及防守单位目前系统的安全防护现状，应急处置能力等情况。

指挥部可以根据最终的排名情况设立排名奖惩规则。例如，设立一等奖、二等奖、三等奖，并给予奖金和奖状激励；对排名靠后的队伍进行约谈整改。

● 额外加减分规定说明。

根据发现的安全隐患对国家安全、社会稳定及公共秩序造成的威胁和影响，裁判长可以在原有分数的基础上酌情加分。

发现攻防双方违反演练约定措施和十禁止的行为，由裁判组上报指挥部，进行扣分或取消演练资格。

攻防双方演练结束后，可以上报本次演练的总结报告、经典案例，由专家组统一审核评定。

2.2.2.3 演练现场秩序管理要求

1．身份核验

严格落实身份核验制度，非演练相关人员禁止进入演练区域。演练现场与外界实施严格隔离，每次进出演练现场人员必须通过人、证、备案登记一致性验证后方可进入，发现替人参赛的将取消本人参赛资格，加入黑名单。

2．请销假

演练期间严格落实请销假制度，自觉维护攻击现场秩序，提前结束攻击的，要报指挥部审批同意。

3．人员调整

演练期间更换参演选手，需提前向指挥部申请，批准后才可更换。

4．持证参演

参演证是进入演练现场以及在场内活动的唯一证明，未按规定佩戴参演证的将被驱逐出演练现场；参演证每人一张，禁止混用他人证件。

5．现场秩序

禁止在攻击现场内随意走动，禁止触碰他队物品，禁止与他队人员交谈，场内禁止大声喧哗。

6．禁止拍照摄像

演练现场禁止拍照、录像，任何信息禁止发布于互联网。讨论演练事项应在专用场所。各参演人员如需讨论演练相关事项，可以向现场工作人员申请，在专用会议室内进行讨论，禁止在走廊、楼梯、过道等公共场所讨论演练相关事项。

7．违规处罚

对违规人员，视情采取批评教育、扣分、取消本人或队伍参赛资格、通报、加入黑名单等处罚措施。

2.3.2.4 演练保障措施

1．建设演习监控指挥平台

搭建演习监控指挥平台，保障演习过程中严格落实"全程监控、全程审计、全程录屏、全程录像"等安全管控措施，确保参演系统业务不停顿、数据不泄露、信息不窃取，演习后正常运转无隐患遗留，演练监控指挥系统架构图如图2-3所示。

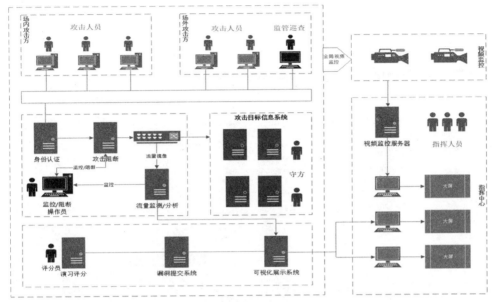

图 2-3　演练监控指挥系统架构图

各子系统特性要求如下：

（1）集中性开展演习。

本次网络安全攻防演习场地，为本次技术支持单位参演队伍提供统一的专网接入通道，所有攻击必须通过专网通道进行，达到演习安全可控的目的。

（2）对演习攻击流量进行全面分析。

技术支持单位通过连接专网设备的内网交换机进行全流量镜像，并传输全流量分析设备、APT、DPI等攻击状态分析设备，进行流量分析与监测，以发现不合规的攻击行为，进行阻断。

（3）攻击设备统一安装录屏软件。

攻击设备（主要是笔记本），应预装录屏软件。所有攻击使用工具软件由攻击团队自行安装，演习完成后自行清理（但不能清除录屏录像文件）。演习完成后，驻场相关人员统一回收处理录屏录像。

（4）统一提供演习场地视频监控摄像头。

为保障整个演习过程的可视化，在演习过程中，对攻击方进行实时视频录像，并接入演

指挥部，演习开始后不允许对摄像头进行位置或者设置的改变。摄像头安装位置为每攻击团队一个。每个摄像头应配备一个TF存储卡，所有摄像头画面应本地留存一份，并定期将视频数据导出。

2. 攻击过程安全可控

技术支持单位需为演习建设专用的支持平台，对攻击过程进行监控，对所有行为进行监管、分析、审计和追溯，发现违规情况，第一时间阻断，以保障演习的过程可控、风险可控。

（1）演习环境整体网络拓扑。

攻防演习环境的整体网络拓扑示意图如图2-4所示。

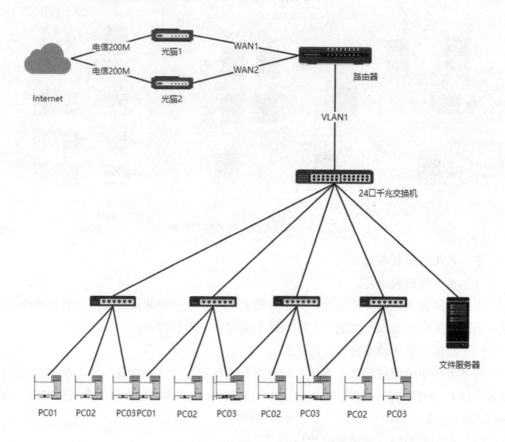

图 2-4 演习环境整体拓扑示意图

整体攻防演习系统部署在本地机房，攻防演习环境主要包括两大部分：一是指挥部。在演习过程中，攻击方的实时状态将接入指挥部指挥大屏，组织力量监控攻击行为和流量，确保演习中的攻击安全可控。攻击成果展示和攻方监控视频直播，通过大屏展示在指挥部大厅，同时直播数据通过专线发送至大屏，相关人员可以随时了解当前状态。二是攻击方场地。在演习实施阶段，攻击团队在专用场所内使用专用攻击设备实施攻击，相关视频通过摄像头实时回传到演习指挥部。

（2）攻击流量监测。

技术支持单位通过连接专网设备的内网交换机进行全流量镜像，使用APT、DPI等攻击状态分析设备进行流量分析与监测，以发现不合规的攻击行为，进行阻断。具体应开展以下工作：一是对网络通信行为进行还原和记录，供安全人员进行取证分析，还原内容包括：TCP会话记录、Web访问还原、SQL访问记录、DNS解析记录、文件传输行为、LDAP登录行为。二是支持对流量中出现文件传输行为进行发现和还原，将文件MD5发送至分析平台。三是可以支持SQL Server、MySQL、Oracle三种SQL协议的分析和还原。四是可对文件传输协议进行还原和分析，可分析的协议至少包括如下：邮件（SMTP、POP3、IMAP、Webmail）、Web（HTTP）、FTP、SMB。五是支持对常见可执行文件的还原，例如EXE、DLL、OCX、SYS、COM、APK等。六是支持对常见压缩格式的还原，例如RAR、ZIP、GZ、7Z等。七是支持常见文档类型的还原，例如Word、Excel、pdf、Rtf、Ppt等。

（3）攻击过程实时监控。

为确保整个攻防过程安全可控，采用技术专家现场巡查与工具自动化分析相结合的监控方式。技术专家负责在攻击场地全程巡查，巡视各个攻击小组的攻击状态，监督其攻击行为是否符合演习规则。同时，由技术组的监控人员使用全流量分析系统对网络流量数据进行攻击行为分析。

（4）及时攻击阻断及报警。

当攻击过程监控中发现异常攻击行为，例如，攻击目标系统超出演习范围、攻击行为违规、攻击目标系统已出现异常等，专家组确认后由演习技术组在网络出口及时实施攻击阻断。此外，通过实时的网络数据搜集和攻击状态分析，技术组可提前预测攻击的破坏程度，必要情况下应及时告知专家组，以便与攻击小组有效沟通进行风险规避。

（5）制作演习操作手册下发攻防双方。

指挥部向攻击方团队下发关于攻击资源使用的手册，说明攻击范围及攻击手法原则，严格禁止攻击团队违规操作，对因违规操作造成的后果予以追责，指挥部向防守方团队下发关于防守方法的规范，说明防守原则，遇到攻击时应正常应急处置，严禁进行断网等影响业务正常生产、过度防守的操作。

3．建立演习研判系统

（1）建立成果上交系统。攻击者登录系统上交攻击成果，包括攻击域名、IP、系统描述、截屏图片、攻击手段等。

（2）建立裁判打分系统。裁判可使用裁判专有账户登录系统对攻击团队提交的攻击成果进行人工打分。

（3）建立IP合法性验证系统。防守方可使用专有账户登录系统对攻击的IP的合法性进行验证，如果非演习IP则直接显示，并上报当地网安管理部门，进行进一步案件处置。

4．制定演习应急预案

为防止攻防演习中发现不可控突发事件导致演习过程中断、终止，需要预先对可能发生的紧急事件（如断电、断网等）制定应急预案。攻防演习中一旦参演系统出现问题，

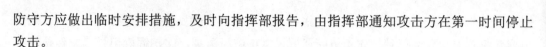

防守方应做出临时安排措施，及时向指挥部报告，由指挥部通知攻击方在第一时间停止攻击。

2.3.3 演练环境布景设计

2.3.3.1 演练场地布置

1. 布置原则

（1）安全第一的原则。

演练周期短则三天，长则7～15天，选手电脑等不允许带离场地，因此场地环境、用电等安全问题需要7×24小时全程关注，需要协调场地负责部门进行轮岗值守保障物理环境、财产等各种安全问题。

（2）优质高效的原则。

加强领导，强化管理，优质高效。根据在演练开始前明确的质量及时间目标，场地布置强化标准化作业，控制成本，控制场地占用时间，提高能效。

（3）科学配置的原则。

根据合同或者前期约定的工程量及各项管理目标的要求，在布置的各环节上按科学配置人员、设备，选派有模块经验的管理人员，专业化团队专项推进。选用优质材料，确保人、财、物、设备的科学合理配置。

（4）合理用地的原则。

从节省临时占地、满足演练需要、明确进场、离场时间，认真实施科学施工、文明施工等多角度出发，合理安排演练、休息场地、专家裁判区域的布置。工程完成后，及时清理、平整、恢复场地。

（5）保障有力的原则。

制定周密详细的工期保证措施。例如，雨季、节假日施工措施、物资设备保证措施、劳动力保障措施等，有力地保障施工的正常进行。

（6）协调一致的原则。

在施工全过程中，服从业主、项目经理、设计的统一协调，听取指令，并确保指令得到有效的实施。

2. 现场准备

施工前期组织人员开始场地的准备工作，现场准备主要应做好以下几项工作。

（1）现场勘察。

复查和了解现场的气象、水源、电源、交通运输、通信联络以及环境保护等有关情况，明确大致的场地布置格局。

（2）确保用地范围。

根据演练用地规划图，明确场地范围、设立标志，实行封闭式管理。

（3）场地搭建物料准备。

按照施工总平面图营建主持台、嘉宾席、赛区、直播区、裁判区、媒体采访区及堆料场。

3．实施队伍的组织

场地营建实施需要较多劳动力，项目多，而且时间紧，因此，开工前落实劳动力来源、按计划适时组织进场，是顺利开展施工、按期完成任务、避免停工或窝工浪费的重要条件之一。

组织实施队伍时应做好以下工作。

（1）严把素质关。

素质直接影响工程质量，实施队伍要求是一支能吃苦耐劳、有组织、守纪律、技术过硬、服从领导的队伍；应选择参加过类似本项目实施，具有一定实施经验的队伍，他们中有相对稳定的技术工人，具有一定的独立实施能力。

（2）签订好施工合同。

在市场经济条件下，要使实施人员把精力集中到项目质量上来，必须按经济规律办事，按法律办事。合同内容应包含人员数量、实施内容、取费标准、质量标准、奖罚标准、施工进度、安全施工等方面。

4．场地外场设计及搭建

比赛场地外场设计及搭建，包括指示牌、形象展示、签到背景等的制作与布置，布置内容根据实际场地大小及参赛人员数量进行设计制作。

5．场地内场设计及搭建

比赛场地内场设计及搭建，包括主持台、嘉宾席、赛区、直播区、裁判区、媒体采访区的场地搭建及布置，形象展示、签到背景等的制作与布置，布置内容根据实际场地大小及参赛人员数量进行设计制作。比赛期间场内宽带专线的安装调试，场内弱电及强电的安装调试。

6．场地 LED 屏布置

图2-5中展示的是场地搭建LED大屏的示意图。注意这里仅为示意，实际需根据具体演练地点按照标准进行最终设计。

图 2-5　直播区 LED 大屏示意图

2.3.3.2　演练物料设计

演练物料的设计宗旨围绕着演练主题、演练目的展开，在保障演练各环节流畅运转的前提下凸显每次演练的特色。

其中演练文件方面可以参考以下内容，具体需根据实际情况制定。

- 《保密协议》
- 《演练手册》
- 《演练证件》
- 《服装设计》
- 《监控物料》

1. 保密协议

保密协议一般包括保密内容、责任主体、保密期限、保密义务及违约责任等条款。保密协议可以分为单方保密协议和双方保密协议。单方保密协议是指一方对另一方单方面负有保密义务的协议。在签订保密协议时，双方既可在劳动合同中约定保密条款，也可以订立专门的保密协议。但不管采用哪种方式，都应当采取法定的书面形式，并做到条款清晰明白，语言没有歧义。负有保密义务的当事人违反协议约定，将保密信息披露给第三方，将要承担民事责任甚至刑事责任。

在保密协议中应明确约定如何使用商业秘密、涉及商业秘密的职务成果的归属、涉密文件的保存与销毁方式等内容，有特殊条款的还应以列举方式进行约定。演练保密协议的目的就是为了保证演练过程中发现的各单位问题能够百分百控制在有效范围内，不扩散不泄露。

2. 演练手册

演练涉及的人员、流程较多，内容较广，针对演练全过程的规划以及安排尤为重要，同时在演练过程中需要注意的一些事项，现场秩序管理要求等需要着重强调指出，为此我们在每次演练开始前，都会基于每年的演练新要求，制作相关的演练手册，其中主要包含：参赛须知、联系人名单、演练日程表、攻防评分规则、成果模板等。

整体演练手册模板：参见2.8.1节

3．证件模板

证件模板可以参考图2-6示例（仅供参考）。

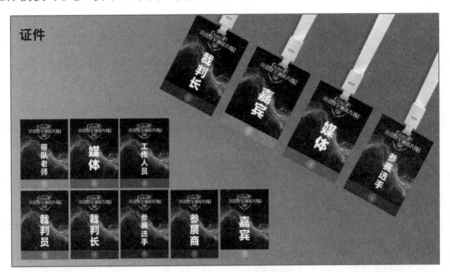

图 2-6　证件效果图模板

4．服装设计

服装设计方案可以参考图2-7（仅供参考）。

图 2-7　服装设计方案

5．视频监控物料

视频监控物料可参考表2-7。

表 2-7　监控物料清单

序号	产 品	功能参数	数 量	单价（元）	合 计	参考图片
	监 控 物 料 清 单					
1	高清摄像机					
2	监控适配器					
3	监控支架					
4	纯铜主电源线					
5	纯铜视频网线					
6	立杆支架					
7	24 路数字高清硬盘录像机					
8	硬盘					
9	附料					
10	监控操作机柜					
11	安防专用配电机柜					
12	网线有源传输器					
13	施工费用					
14	显示器					
15	合计					

2.3.3.3　大屏规划

大屏的规划对整体的展示效果会产生较大影响，规划时需要注意以下几点。

1. 确认投屏显示要求

整屏，用单独一个屏幕显示即可满足演练投屏要求，不需要切换改变大屏背景。

分屏，依据现场投屏要求，明确诉求，同时考虑大屏分屏操作的可行性，适配完成相关的调整。具体的分屏方式：1（主）+2（侧），1（主）+1（侧）+4（底）。

2. 投屏人员调度

确认场地后，根据现场组织架构，协调专门的企信、行政人员协同支撑投屏工作。

3．内容切换流程确认

投屏人员以及投屏确认可以满足要求后，开始制定演练投屏切换的顺序。

2.3.3.4　演练启动仪式专项准备

前文中已经提到启动仪式的重要性，所在在准备启动仪式中需要组织方注意以下几点。

1．明确参会领导

明确演练时间后，由演练建设方具体负责人推进明确演练启动仪式参会指导的领导清单。同时根据单位相关特色，安排确认演练领导的行程安排。

2．启动仪式的形式

（1）推闸。

将启动道具做成具备推杆功能的形式，几位领导合力推动一个大闸，象征着接通电源、启动系统。

（2）掌舵。

几位领导手把船舵，象征扬帆起航。场面会比较大，采用较少。

（3）按钮/触摸启动仪式。

通过各种形式的道具，为道具制一个富有寓意的按钮、灯箱等，触摸感应，领导按下按钮，点亮或者其他效果，宣布启动成功。

（4）视频触摸启动。

通过制作视频，将实体的按钮或触摸启动做成虚拟的演示效果。

（5）启动球。

摸球是国内市场占有率最高的一种启动仪式，就是几位领导上台后揭开幕布，大家将手按在球体上，球体上显示出logo或者其他内容，宣布启动。

比如阳光追球。阳光追球只适合户外使用，并且在阳光强烈照耀的情况下使用，球的门上可以粘贴logo，领导触摸时，门落、球转、显示主题文字logo。

除此之外，球体可以根据企业自身需求自由选择玻璃球、水晶球、黑球等。

（6）其他创意形式：巨型印章，巨型沙漏，风车启动，上升启动，落幕启动，卷轴启动，胜利标志启动，发声启动等。

如今，常用的活动启动仪式就是这些。启动仪式，是一场活动最吸引人的环节，如何能做到新颖，需要结合项目主题来定。

启动仪式物料清单可参考表2-8。

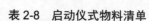

表 2-8　启动仪式物料清单

启动仪式物料清单					
项　目		规　格	单　位	数　量	备　注
基础物料	舞台搭建				
	舞台地毯				
	背景搭建				
	台阶				
	台阶立体标志				
	音控台				
	嘉宾休息区				
	植物盆栽				
	地毯				
特效	音响设备				
	遥控皇家礼炮				
人员	礼仪小姐				
喷绘	背景喷绘				
	签到处喷绘				
	沿途指示牌				
	指示牌喷绘				
	停车场指示牌				
	停车场指示牌喷绘				
工作证	贵宾证				
餐券					
其他	签到桌签				
	签到处桌椅				
	签到桌花				
	签到用品				

2.3.3.5　演练宣传

为了达到演练宣传网络安全的重要作用还需要做好推广工作，具体体现如下。

1. 媒体宣传报道

现场报道形式包括图片、视频、邀约采访等；发稿总量1篇次，图片若干，视频1部。

2．现场摄影摄像

比赛现场摄影1位，摄像1位，固定摄影机位1个。

3．宣传视频制作（仅供参考）

制作大赛启动视频1部，成片时长不少于2分钟，完成时间不晚于比赛报名前3天；大赛开场视频1部，成片时长不少于2分钟，完成时间不晚于大赛开场前3天；颁奖开场视频1部，成片时长不少于1分钟，完成时间不晚于大赛颁奖前1小时；赛后回顾视频1部，成片时长不少于2分钟，完成时间不晚于赛后10天，演练视频拍摄范围的大致思路可以参考表2-9。

表2-9　演练视频拍摄范围

一场演练需要拍摄的视频内容				
序　　号	阶　　段	用　　途	内　　容	时　长（min）
1	赛前	大赛启动视频	往届大赛回顾，新一届大赛介绍	2
2	赛中	大赛开场视频	决赛开幕式开场视频	2～3
4	赛后	大赛回顾视频	2021大赛回顾	2～3

2.3.3.6　演练平台搭建

正如上文提到的演练平台也是突出演练过程效果的重要一环，下面会对演练中需要用到的攻防演练平台做一个简单的搭建说明。

1．操作系统安装

通过光盘、U盘等形式完成演练平台所需服务器的操作系统安装工作。

2．网络及环境初始化

（1）网络初始化。

为服务器配置对应的IP地址、网关地址、DNS地址，并测试网络可达性。

（2）环境初始化。

为服务器安装平台部署所需的虚拟化软件和其他工具软件。

3．平台安装部署

（1）上传演练平台安装包。

通过SFTP等传输方式将安装包传输到目标服务器上。

（2）完成演练平台安装。

根据《平台安装手册》完成平台的具体安装工作。

4．攻击监测设备安装配置

根据《网络攻击流量分析设备使用指南》完成攻击监测设备的安装工作，并配置数据发送到演练平台。

5. 离线地图安装

根据《离线地图安装手册》，完成离线地图的安装，并在演练平台中启用离线地图功能。

2.3.3.7 网络接入施工

1. 网络专线接入

出于演练的保密性以及演练网络带宽使用的特殊性要求，我们需要设置物理专用信道，物理专用信道就是在服务商到用户之间铺设有一条专用的线路，线路只给用户独立使用，其他的数据不能进入此线路，而一般的线路就允许多用户共享信道。且要根据演练的实际参演人数，提前调研测试对应需要的网络带宽，同时考虑到冗余切换，准备2条高带宽的网络线路。另外，需要单独采购足量的出口IP，在演练过程中定时切换出口IP，保证参赛选手的网络可达性和安全性。

现场布线，基于现场已有的布局，勘查现场，包括走线路由需要考虑隐蔽性，对建筑物破坏（建筑结构特点），在利用现有空间同时避开电源线路和其他线路，现场情况下对线缆等的必要和有效保护需求，施工的工作量和可行性（如打过墙眼等）规划设计和预算，根据上述情况确定路由并申请批准。整个规划及破坏程度说明最好经甲方及管理部门批准，修正规划。在有正式许可手续的规划基础上，计算用料和用工，综合考虑设计实施中的管理操作等的费用，提出预算和工期以及施工方案和安排。实施方案中需要考虑用户方的配合程度。实施方案需要与用户方协商认可签字，并指定协调负责人员、指定工程负责人和工程监理人员，负责规划备料，备工，用户方配合要求等方面事宜，提出各部门配合的时间表，负责内外协调和施工组织和管理、现场施工、现场认证测试，制作测试报告和布线标记系统，布线的标记系统要遵循TIA-606标准。

2. 网络测试

通过以下方式逐一检查现场网络连通性。

（1）检查电脑网线指示灯状态是否正确。

（2）查看完了网卡的那个指示灯之后，就查看"本地连接"的状态。

（3）检测电脑的网卡接收和发送数据情况。如果只有发送，没有接收到的网络数据，那么就说明你的电脑网卡正常，进入线路有问题。

（4）用"ping"检测IP地址，看看能不能通。具体使用ping的这个命令格式 "ping IP -t"，如果能够通了，说明网卡没有问题。

（5）检测网关能不能连接通了。也是使用"ping"这个命令检测电脑与网关的状态。要是网关不通的话，可能是交换机问题了。

（6）检测与DNS服务器是否能够连接到上面。

2.3.3.8　视频监控

1. 演练选手录屏监控

在演练正式开始的前一天，所有参赛选手进场调试本机电脑的视频监控问题。在选手进场前，组织方需部署好视频流服务，搭建本地的视频监控服务端，同时准备好对应的客户端安装包以及登录信息，选手进场后，除了调试网络环境、平台环境外，重点需要调试本机录屏软件，确保在场操作均有录屏监控，做到演练可回溯，发现问题可快速定位。

2. 演练现场布点监控

除选手本地电脑安装相应的监控摄像头外，演练也需要随时监控整个演练场地内的相关情况，保证演练的整体安全性。演练开始前，根据场地的大小，明确监控探头的数量，一般每100平部署探针4～6个，同时完成网络调试，将视频实时传回监控中心，并做相关的存储，以备不时之需。

2.3.3.9　开幕式布置

开幕式是一个活动成功举办的良好开端，在整个活动中发挥着十分重要的平台作用。对一个活动来说，开幕式的积极作用主要体现在以下几个方面。

一是提振士气的作用。多数情况下，演练开幕当天的参展、参会企业代表较多、人员较为集中，参会的各方面领导多、规格较高、气氛热烈。营造开幕式积极、热烈的气氛有利于提升演练选手参赛的热情和重视程度。在心理学上，气氛是弥漫在空间中能够影响行为过程的心理因素总和。开幕式热烈的气氛，有助于形成展会参与者紧张、兴奋、期待、积极、友爱、团结等情绪。很多情况下，可以通过调节气氛达到推动行为进程和改善行动结果的目的。气氛热烈、积极的开幕式，不但活跃了整个展会的现场喜庆气氛，而且还有利于给参展参会人员营造一种积极、奋进的情绪，促进彼此间的沟通交流。

二是宣传推广的作用。演练开幕式既是大型活动中的一个程序，又是一个"信号"，标志着演练的正式开幕。通常展会开幕式都很隆重，这样的环境布置不仅是为了吸引周边人群的关注，更是演练营销渠道。一些参展企业，为了提高知名度和市场影响力，会充分利用活动开幕式提高活动影响力，为活动进行"冠名"宣传。

三是促进沟通交流的作用。活动开幕当天，一些相关政府部门领导、企业高层及行业专家会来参加，这就为扩大活动的影响力提供了一个难得的机会。在开幕式期间，现场人员可以向有关领导和专家咨询一些行业发展方面的问题，或向管理部门负责人说出企业在发展中遇到的问题，寻求帮助和支持。一些领导和专家也可以通过这个机会了解企业或者市场的真实情况。企业的高层也可以借助参加展会开幕式，结识其他企业的负责人，发掘潜在的合作伙伴等。

开幕式的具体开展如下。

1．开幕式前期准备

（1）领导行程安排。

与和客户沟通协商，明确领导进场的相关安排以及进场时间。

（2）现场指引安排。

二次检查指引牌以及对应的行政接待人员已就位，确保做好相关接待工作

（3）演练前的汇报准备。

领导就位后，带领领导参观公司特色成果绩效，沟通学习领域先进指导思想，并汇报本次演练前期相关准备工作，介绍本次演练的特点、重点。

（4）演练现场就绪复查。

对现场开幕仪式的相关准备工作做二次复查确认，确保演练启动仪式正常进行。

2．开幕式具体工作落实

（1）开幕式流程规划可以参考演练开幕式时间安排进行规划，如表2-10所示。

表2-10　演练开幕式时间安排

序号	环　节	开始	结束	时长	步　　骤	左侧屏	16:9	右侧屏
	5.24XX 市攻防演练 Rundown							
1	播放暖场视频				播放暖场视频			
2	主持人开场				主持人开场白，介绍到场嘉宾			
3	主持人调度演练分会场				主持人调度3个分会场			
4	参赛代表发言				主持人串场，引出参赛代表			
					参赛代表发言			
5	裁判代表发言				主持人串场，引出裁判代表			
					裁判代表			
6	领导致辞				主持人串场，引出致辞领导			
					致辞领导			
7	启动仪式				主持人旁白串场，邀请启动嘉宾上台			
					启动嘉宾上台			
8	领导巡视现场				/			

（2）布置完毕后，还需要对开幕式进行彩排，确保开幕式各环节顺利开展，彩排的

过程可以参考开幕式彩排计划，如表2-11所示。

表2-11　开幕式彩排计划

开幕式各环节彩排注意事项		
序　号	彩排环节	注意事项
1	播放暖场视频	提前确认暖场视频内容无误，播放正常。同时明确播放开始以及结束时间
2	主持人开场	安排现场进行 3 次以上的模拟彩排，明确主持人到场时间，主持人演讲稿的内容校准以及现场话筒等设备的状态确认
3	主持人调度演练分会场	现场负责人事先明确调度时间，做好相关通知，在演练前三天开始，每天进行相关的调度调试确认，在正式开始前一天早上，由主持人做最后的调度确认
4	参赛代表发言	事先通知需要做代表发言的参赛队伍，在演练正式开始前的现场设备调试阶段，模拟上台发言，并做好发言稿的校准
5	裁判代表发言	事先通知需要做代表发言的裁判长，在演练正式开始前的现场设备调试阶段，模拟上台发言，并做好发言稿的校准
6	领导致辞	事先通知领导开幕式需要致辞，准备相关致辞，同时通知明确的致辞时间
7	启动仪式	由主持人宣读上台领导，安排各领导位置，配合启动仪式道具及音乐开始启动仪式
8	领导巡视现场	完成大屏展示内容的切换，由现场负责人安排现场巡视以及解说

2.4　正式演练开展

随着筹备工作全面完成，正式演练的帷幕便随之开启。这一阶段更重要的是做好活动现场保障、演练过程应急等工作，确保演练活动顺利进行。

2.4.1　现场保障

1．负责项目的前期筹备、现场控制、演员统筹和对外联络等工作

现场提供专门的保障人员，响应现场选手、裁判的诉求，同时保障现场环境、网络等有条不紊推进。

2．负责控制项目制作成本及时间进度

项目经理对演练各流程的成本进行控制，保证演练项目满足质量、进度、成本的要求。

3．负责项目组的对内、对外联络与沟通，处理各类突发状况

依据演练日程安排，支持内部裁判、销售有序推进演练正常开展，针对部分突发状况做好相关准备。

4. 负责拍摄期间的现场团队管理和后勤保障工作

负责安排签到、休息室、餐券等工作事项，配合拍摄组，提供相关拍摄场景及素材，确保拍摄的顺利完成。

5. 协助公司进行与客户的联络和沟通，营销与宣传配合

说明：在演练过程中积累相关照片、适配等素材，做好材料汇总。

2.4.2 演练过程应急

演练过程中的应急处置主要包含"活动组织的应急预案"和"演练中网络安全事件的应急预案"两大方面，分别保障演练活动自身的顺利开展和参演目标在演练阶段的安全运行。

2.4.2.1 活动组织的应急预案

活动组织的应急预案主要针对活动开展自身进行设计，针对活动开展中可能发生的突发事件设计确实有效的应急方案，做到有备无患。

1. 演练现场环境故障应急预案

由于演练活动现场环境相关内容较多，具体开展工作可以参考演练现场环境故障应急方案示例，如表2-12所示。

表 2-12　演练现场环境故障应急方案示例

故障事件	恢复流程	备　注
断电,影响业务运行	1. 监控预警、运维人员报告，启动应急流程，通知用户相关领导责任人 2. 协调相关人员查询断电原因。如断电短时间无法恢复，启用发电机供电，保证系统运行 3. 协调相关人员现场支持、运维团队监控系统平台运行状况 4. 如果断电故障持续，系统平台安全性无法保证，经用户领导及相关责任人确认，关闭各系统硬件平台 5. 断电故障恢复后，需提供故障报告及后续改进措施	/
空调等,引起系统平台故障,部分影响业务运行	1. 监控预警、运维团队人员报告发生故障，启动应急流程，通知用户有关领导责任人 2. 协调相关人员方面响应事故，紧急处理 3. 在空调故障排除前，协调相关人员现场支持、运维团队监控系统平台实时运行状况 4. 如故障未及时解决，为保证系统平台安全性，请示用户领导确认，是否关闭平台 5. 应急故障处理完毕，需提交故障报告及后续改进措施	/
其他故障,影响系统平台运行	1. 监控预警、运维人员报告发生故障，通知相关责任人 2. 协调相关人员解决 3. 故障排除后，需提交故障报告及后续改进措施	/

2. 演练网络应急预案

在演练网络应急方面，重点保障现场的网络可用性。具体开展工作可以参考演练网络应急预案示例，如表2-13所示。

表 2-13　演练网络应急预案示例

故障事件	恢复流程	备　注
核心交换机、各应用区主备交换机硬件故障	1. 监控预警、运维人员报告故障，启动应急流程，通知用户相关领导及责任人 2. 协调供商及厂商人员或相关人员，设备提供商及厂商排除故障，更换设备 3. 更换设备到场后，恢复原有网络配置，网络测试完成，进行业务测试 4. 落实故障原因，总结	/
防火墙硬件故障	1. 监控预警、运维人员报告故障，启动应急流程，通知用户相关领导及责任人 2. 协调相关人员，排除故障，更换设备 3. 更换设备到场后，恢复原有网络配置，网络测试完成，进行业务测试 4. 落实故障原因，总结	/
网络故障，非网络设备硬件故障，部分影响业务运营	1. 监控预警、业务投诉、运维人员发现问题 2. 通知相关领导责任人 3. 运维人员排查故障，如无法解决，协调相关厂商技术人员或相关人员支持 4. 故障解决后，网络测试，业务测试	/
网络故障，不影响业务运营	1. 监控预警或运维人员发现故障按照日常操作维护手册解决 2. 如碰到超出运维人员能力无法解决的问题，协调相关厂商技术人员或相关人员支持 3. 总结故障原因	/

3. 演练支撑系统软件应急预案

对于演练支撑系统软件，例如，视频监控、文档管理系统等应急工作内容可以参考演练支撑系统软件应急预案示例，如表2-14所示。

表 2-14　演练支撑系统软件应急预案示例

故障事件	恢复流程	备　注
系统故障无法正常启动，影响业务正常运行	1. 监控预警、运维人员报告，启动应急流程，通知用户有关领导责任人 2. 协调相关方面高级技术人员到场进行技术支持，利用原有备份数据恢复系统等 3. 系统软件恢复后，恢复应用业务软件，进行业务测试 4. 测试完成，恢复系统运行 5. 故障总结	/

4．演练平台应急预案

演练平台的故障应急，则可以逐级进行相应具体可参考演练平台应急预案示例，如表2-15所示。

表 2-15 演练平台应急预案示例

故障事件	处理恢复流程	备 注
演练平台异常，部分网点业务受影响	1. 启动监控预警、运维人员发现故障报告有关领导，启动应急流程 2. 维护人员应在接到通知系统异常后，立即检查卡管业务节点是否都出现问题，根据检查结果来决定下一步操作 3. 如果发现某一节点异常，关闭该节点；如果发现所有业务节点都异常，重启所有卡管业务节点 4. 如果无法解决问题，搜集卡管应用日志，协调演练平台开发到场解决 5. 故障排除后，故障总结	/

2.4.2.2 演练中网络安全事件的应急预案

演练活动开展中会产较多的网络安全事件，可能来自演练本身，也可能来自未知人员，防守单位可以根据网络管理员或系统管理员的初步判断认为和安全事件相关，通过电话咨询演练组织方、裁判、专家，相关专业人员会根据客户信息提供电话支持服务，在客户和演练裁判专家同时确认需要信息安全专家或安全服务队伍现场支持后，根据演练安全事件级别进行应急响应。

1．应急响应方式

演练安全紧急响应服务方式分为远程支持或现场支持。

远程支持安全服务方式可以分为以下几种：

（1）电话在线支持服务。

（2）7×24小时电话支持服务。

（3）传真支持服务。

（4）E-mail支持服务。

当远程支持无法解决问题时，将派遣专业的紧急响应服务人员在第一时间到达客户所在地提供现场支持服务，保证在任何时候客户都能及时找到我方的相关专业技术人员。当发生紧急安全事件，在征得客户许可的前提下，我方立即启动应急预案进行远程修复，必要时通过强制措施保护客户数据、资料安全。采取远程与现场支撑相结合的方式，第一时间处理显现的威胁。

2．应急响应等级分类

应急团队会根据应急等级做出不同的应急响应，具体的应急响应等级可以参考"应急响应等级分类示例，如表2-16所示。

表2-16　应急响应等级分类示例

事件分类	事件描述	威胁级别	支持方式
紧急事件	客户业务系统由于安全问题崩溃、系统性能严重下降，已无法提供正常服务。客户出口路由于网络安全原因非正常中断，严重影响用户使用。公众服务由于安全原因停止服务或者造成恶劣影响的	高危险	现场支持
严重事件	用户内部的业务支持系统由于安全事件出现问题，导致不能运转正常不稳定。部分服务由于安全原因中断，影响用户正常使用	中危险	远程支持或现场支持
一般事件	由于安全原因导致系统出现故障，但不影响用户正常使用。客户提出安全技术咨询、索取安全技术资料、技术支持等	低危险	远程支持

2.4.2.3　应急流程

应急流程可以具体分为以下6个阶段。

1．准备阶段（Preparation）

目标：在事件真正发生前，为应急响应做好预备性的工作。

角色：技术人员、市场人员。

2．检测阶段（Examination）

目标：接到事故报警后，在服务对象的配合下对异常的系统进行初步分析，确认其是否真正发生了信息安全事件，制定进一步的响应策略，并保留证据。

3．抑制阶段（Suppresses）

目标：及时采取行动限制事件扩散和影响的范围，限制潜在的损失与破坏，同时要确保封锁方法对涉及相关业务影响最小。具体操作限制攻方采取更深入的横向攻击，并通知目标单位加紧防护，做好现场应急处置准备工作。

4．根除阶段（Eradicates）

目标：对事件进行抑制之后，通过对有关事件或行为的分析结果，找出事件根源，明确相应的补救措施并彻底清除。

5．恢复阶段（Restoration）

目标：恢复安全事件所涉及的系统，并还原到正常状态，使业务能够正常进行，恢复工作应避免出现误操作导致数据的丢失。

6．总结阶段（Summary）

目标：通过以上各个阶段的记录表格，回顾安全事件处理的全过程，整理与事件相关的各种信息，进行总结并尽可能地把所有信息记录到文档中。

2.5　演练总结复盘

工作总结是对一定时期内的工作加以总结、分析和研究，肯定成绩，找出问题，得出经验教训，摸索事物的发展规律，用于指导下一阶段工作。

网络安全攻防演练的总结复盘阶段也是一场演练的核心阶段之一，演习结束、攻击队员比赛结束，演习现场工作还要持续一段时间，主要有恢复现场、数据搜集、成绩统计、总结大会等。通过总结复盘，把一场比赛的影响力及成果发挥最大的效力。

总结复盘阶段一般分为书面总结、案例总结、视频总结、颁奖仪式等。

成果总结包括红队成绩、蓝队成绩、目标情况、数据统计等，通过成果总结提炼比赛的核心要素，常见的有书面总结、视频总结、经典案例总结等。

2.5.1　书面总结

书面总结是成果总结中最常见的形式，通过对演练成果的系统性的梳理、统计，核心以真实的数据说话，体现攻防双方的成绩、双方数据的对比，漏洞类型的分析、攻防双方数据的统计分析、往年数据的比对分析，体现区域网络安全形势的严峻、攻防双方技术的进步等，最终由主办方主要负责人在比赛现场负责宣读。

1. 案例总结

案例总结是攻防演练后一种技术流的一种总结方式，主要是挑选现场的红队的优秀攻击手法，由红队队员对案例进行分享总结，通过分享进行各种技战法交流、暴露存在的常见问题、典型问题。案例总结的要点是案例的选择，案例的选择一般具体案例从影响力、通用性、警示性、难易程度、娱乐性、创造性等方面进行选择，也根据演练的主题思路及区域的特殊情况进行筛选，如有的区域对特定行业的特殊诉求，可以多选特定行业的案例等。

2. 案例模板

经典的案例模板可以在总结的时候作为一个很好的参考，也会让其他阅读者在了解演练的过程中更好地理解整个案例。

2.5.2　视频总结

视频总结是近年来比较流行的一种总结方式，以视频的方式把书面总结及案例总结更直观地呈现出来，通过视频可以更方便地让受众快速了解和接受网络安全攻防演练的全过程及成果，可以实现更大范围和规模的传播。

1. 视频总结的思路及注意点：总-分-总的方式

（1）首先总体介绍政策背景、区域背景、国内外的网络安全形势和区域安全状况等。

（2）然后分别介绍这次攻防演练的整体情况、典型案例、成果等。

（3）最后整体总结本次演练的总结情况、影响力、后续工作计划等。

2．视频总结注意事项

视频制作过程中注意保密工作，防止不必要的信息泄露。

视频时长建议控制在15分钟以内、一般建议10分钟为好。

视频制作单位建议选取本地有经验资质的公司进行制作，如电视台、大型广告公司，一方面后期制作过程中便于沟通，二是需要的素材当地公司有更多的积累，最终的效果或比较好。

2.5.3　颁奖仪式

根据演练的组织计划，演练的最后一个环节一般是颁奖仪式，根据现场比赛的排名，给优秀攻击方或者防守方颁发奖状或者奖金。奖项的设置要根据实际情况来设置，一般分有一、二、三等三个级别。一般第一次演练，尽量给所有现场的团队安排一定等级的奖项，以资鼓励。

奖项具体形式示例如图2-8所示。

奖杯示例	奖状示例

图 2-8　奖项具体形式示例

2.6　后勤保障措施

后勤调度原则

（1）会场物业领导组负责参会嘉宾后勤接待工作的统筹协调，调集全委所有力量参与后勤接待。所有项目职工应当服从会场物业领导组统一调度指挥。

（2）综合协调组作为本次会议的枢纽，负责制定后勤接待工作实施方案；负责各类相关信息的汇总、整理、上报；负责会场物业领导组各项指令的传达；负责设备、车辆、环境及其他物资的统一调配。

（3）各工作组按照"各司其职，各负其责"的原则，根据任务分工做好相关工作。

（4）实行重大事项通报制度，各工作组按照"事前请示，事后报告，实事求是，及时准确"的原则，对会议的重要指示和工作安排、接待过程中的突发事件及其他重大事项，要及时通报指挥场物业领导组办公室及相关工作组。

（5）工作人员着装要规范、得体，接待嘉宾要热情、有礼，熟悉本次会议各组工作流程及会议的基本情况。

（6）各工作组要积极与负责演练相关工作人员完成工作对接，及时掌握参会领导和嘉宾信息及需求动态。

2.6.1　交通相关

演练场地确认后，需将演练场地位置信息提前告知演练参与人员。通过电话、短信进行通知，并在发放至演练参与人员的演练手册、指南中对相关内容进行详细描述，内容如下。

（1）演练会场的具体位置信息，如xx省xx市xx区xx街/路xx号。

（2）乘车信息及乘车路线以图文的形式进行展示。

（3）对演练会场内或周边停车区域以图文的方式进行展示，并标明停车路线。

（4）对演练会场的楼层及区域分布进行图文展示。

（5）将演练期间天气情况进行提醒。

（6）在演练开始前一天放置会场、停车位置等引导牌或指向标识。

2.6.2　餐饮相关

由于各地演练有所不同，可根据演练主办方实际情况进行安排，演练期间食宿自理或者由主办方统一安排。

演练时间较长，需要向现场攻击选手、裁判员及相关工作人员提供充足的饮用水。可由会务人员在每日演练前将瓶装饮用水摆放至各演练参与人员的座位处，并在会场固定位置放置瓶装饮用水和饮水机，便于演练参与人员自取。

2.6.3　会务相关

（1）演练开始确认所用设备设施、场地、时间，以及客户联系人等相关信息。

（2）演练开始前至少提前一天检查所用设施设备、场地（大屏、音响、话筒等）。

（3）和演练负责人确认所用设备规格，演练开始前大屏播放片源。

（4）按照演练规划在桌椅摆放整齐后，布置会场并调试到位设施设备（注意音响电源的开关顺序，话筒电池的更换）。

（5）请演练负责人确认现场，如有改动及时到位。

（6）每日演练开始前30～60分钟，派专人至现场开启设备设施，并留守会场，现场做好微调工作，根据需要切换大屏，调整音量大小等。

（7）演练全部结束后，等待其他非工作人员撤离现场后，关闭大屏，整理话筒等设施设备，并保持会场整洁，确认善后工作。

2.6.4　图文服务

（1）演练前需要按主办方要求提交《"xxxxx"演习攻击方参演人员报名表》并加盖单位公章。

（2）演练过程中需要全程严格遵守主办方各项管理规范，由主办方提前将各规章制度与禁止内容进行通知。

（3）由于演练内容较为敏感，在演练开始前需要与参与演练的攻击队伍签订保密协议书，并将演练当中产生的攻击成果报告等文件妥善交付主办方进行处理。

2.6.5　影像服务

1．会场相关影像

（1）在开幕式/闭幕式开始前一天和演练负责人确认大屏播放片源等影像文件。如影像文件涉密，需要与演练负责人提前沟通由其提供影像文件载体，并指派相关人员监督使用。

（2）由演练主办方安排的摄影团队或经主办方授权的拍摄人员可以在演练的过程中对演练现场进行拍照或视频录制，禁止其他人员在演练现场进行拍照及录像。

2．演练相关影像

（1）攻击设备（主要是笔记本），应预装录屏软件。所有攻击使用工具软件由攻击团队自行安装，演练完成后自行清理（但不能清除录屏录像文件）。演练完成后，由现场工作人员统一回收处理录屏录像。

（2）统一提供演练场地视频监控摄像头

（3）为保障整个演练过程的可视化，在演练过程中，对攻击方进行实时视频录像，并接入演练指挥部，演练开始后不允许对摄像头进行位置或者设置的改变。摄像头安装位置为每攻击团队一个。每个摄像头应配备一个TF存储卡，所有摄像头画面应本地留存一份，并定期将视频数据导出备份。

3．拍摄计划

拍摄计划如表2-17所示。

表 2-17　拍摄计划

素材内容	拍摄日期	进　　度
宣读规则		
设备调试		
演习前准备会议		
选手签到		
签保密协议		
选手熟悉环境，设备调试		
易拉宝、横幅、会场		
统一存放手机		
身份核验		
分发参赛证		
启动仪式		
抽签并登记选中目标		
领导巡视		
民警会场巡查		
攻击成果提交		
各攻击团队访谈		
部分防守单位访谈		
攻击成果展示		
攻击录屏展示		
应急处置流程		
演习后复盘、点评大会		

2.7　实战演练提升

2.7.1　应急演练

应急演练：是指各行业主管部门、各级政府及其部门、企事业单位、社会团体等组织相关单位及人员，依据有关网络安全应急预案，开展应对网络安全事件的活动。

应急演练形式：桌面应急演练、实战应急演练、单项应急演练、综合应急演练、检验性应急演练、示范性应急演练、研究性应急演练。

应急演练依据：根据《关键信息基础设施安全保护条例》第二十五条，保护工作部门应当按照国家网络安全事件应急预案的要求，建立健全本行业、本领域的网络安全事

件应急预案，定期组织应急演练；指导运营者做好网络安全事件应对处置，并根据需要组织提供技术支持与协助。

定期组织应急演练，可带来如下收益：

（1）做好网络安全事件应对处置；

（2）建立健全单位应急演练预案；

（3）满足单位本身自我检查要求；

（4）满足主管部门联合检查要求；

（5）满足监管部门合规审查要求；

（6）有利于打造应急处置专家队伍。

2.7.2　沙盘推演

沙盘推演是在实战攻防演练的基础上，评估真实网络攻击可能对公共通信和信息服务、能源、交通、水利、金融、公共服务、电子政务、国防科技工业等行业的网络设施、信息系统产生的实际影响，包括遭到破坏、丧失功能或者数据泄露等经济社会影响等。同时对推演过程中的应急处置的有效性全面评估。

传统的实战攻防演练，更加注重技术和实战层面的安全风险和攻击有效性。因此，沙盘推演并不是传统实战攻防演练的必备部分。但是作为网络安全风险评估的重要过程，沙盘推演为监管单位进行科学的安全规划、安全监测、安全投入提供了重要的参考依据。因此沙盘推演的概念和方法一经提出备受关注，并在越来越多的实战攻防演练中被吸纳进来。

沙盘推演一般分为"演练前的攻防模拟推演"和"演练后的攻防复盘推演"，两者虽然有着相似的流程，但也存在明显的差异，下面我们会针对两者进行具体的解析。

2.7.2.1　演练前的攻防模拟推演

（1）时间节点：一般会安排在演练开始之前的一周。

（2）参与人员：攻击方、防守方、组织方。

（3）组织形式：防守方可以根据系统重要性、整体队伍水平进行挑选，攻击方可以根据队伍整体水平进行选择，需提前通知双方准备，现场以辩论形式进行开展，并要求双方签署保密协议。

（4）主要流程：呈现明牌类型。所谓明牌是防守方公布的部分己方资源分布情况，目的在于深度检测包括结构上，理论上存在的一些问题，具体流程如下：

● 防守方发布网络拓扑、系统信息、业务交互等关键信息。

● 攻击方根据防守方提供的信息制定攻击计划。

● 双方展开模拟挑战，由攻击方主导，针对防守方的各个环节发起挑战，防守方根据攻击方的动作提出己方的防范措施，依次交换意见。

● 专家团队负责在一些争论点上加以指导。

- 防守方根据推演结果，输出加固方案，并对系统进行加固。
- 实战演练阶段验证该加固措施的有效性。

（5）预期目的：通过模拟推演，在赛前针对性地加强防守方目标，同时也是一种事前机制，利用演练的压力提前让防守单位进行有指导性的、系统性的网络安全整改，避免事后拖延症。

另一方面，由于明牌的特性，也可以让攻击方设计更丰富的进攻路径和进攻战术，不断地提升攻击水平。

2.7.2.2 演练后的攻防复盘推演

（1）时间节点：一般会安排在演练结束后的2～3天内。

（2）参与人员：攻击方、防守方、组织方。

（3）组织形式：由于演练后的沙盘推演是根据具体的攻击成果进行开展，组织方面可以根据攻击成果的等级、被攻击系统的重要性等条件进行选择，召集双方采用现场辩论的形式开展，规模可以根据具体时间进行相应调整，例如，可以挑选前5名的成果双方参与。

（4）主要流程：已演练实际产生的成果为主导来具体展开推演，具体流程如下：

- 主办方列出对应成果议题，并大致表述成果内容。
- 防守方结合攻击报告进行解释，并提出优化方案。
- 攻击队针对防守方的调整方案再次发出挑战，并进一步地放大效果。
- 攻防双方进行交互。
- 专家团队给出点评。
- 组织方记录。

（5）预期目的：演练后的复盘型攻防推演，主要是针对演练结果进行深入挖掘，目的就是"打疼"防守方，让结果不仅仅停留在某个系统被突破，更要扩大到全盘范围。同时也是让防守方有跟攻击方面对面交流的机会，以事实为依据沟通、研究，从全面的角度去分析和提升己方信息化设施在网络安全方面的问题，以点及面避免以往忽略未暴露问题系统的情况。当然对于攻击队也是一种切磋提升的过程。

2.8 文档模板

2.8.1 整体演练手册

本节提供一个整体演练手册样本，供读者参考和借鉴。

xx实战攻防演练

xx年xx月

一、演练目的、原则和内容

演练目的：按照部署，我局在安全可控的前地下组织开展实战攻防演练，全面检验并掌握我省关键信息基础设施安全保护状况，及时防范化解网络安全威胁风险。**一是**及时发现并整改重点行业部门网络安全存在的深层次问题和隐患，增强应对重大网络攻击等威胁风险的能力。**二是**强化重点行业单位、社会力量与监管单位应对网络安全威胁的合成作战、协调配合能力。**三是**积累实战经验，进一步提升攻防双方的技术对抗和谋略斗争能力。**四是**加强部省市协调联动，汇聚演练大数据，结合实战建立关键信息基础设施安全保卫机制、人才选拔使用机制、教育训练机制和关键信息基础设施安全评价体系，大力提升关键信息基础设施和大数据安全保卫能力。

（1）演练原则：覆盖重点目标、严密管控措施、确保安全顺利。

（2）演练内容：组织由 15 支攻击团队参加的实战攻防演练，在真实网络环境下，攻击方模拟黑客组织对提供的各类单位的目标系统进行网络攻击，试图非法入侵。面对网络攻击，防守方试图确保目标系统不受侵犯。

二、演练组织

1. 演练架构

（1）**成立指挥部**：本次演练由 xxx 负责组织实施，设立 xx 实战攻防演练指挥部，xxx 任指挥长，指挥部下设指挥协调组、技术保障组、专家组、应急处置组。

（2）**遴选攻击队伍**：从本地网络特侦队伍、本省网络安全等级测评机构以及国内高水平网络安全企业中遴选政治可靠、技术过硬的 15 支攻击队伍，每队 3 人。监管单位对参演人员逐一进行背景审查。参演的攻击方及个人均应与演练单位签署保密协议，承诺不泄露、不利用演练过程中接触到的重要数据和发现的系统漏洞。

（3）**确定防守方**：按照重要行业"全覆盖"的原则，结合本地实际情况，将辖区内的关键信息基础设施责任单位纳入演练范畴，组织参演单位按照统一模板填报信息。暂定由政府、运营商、金融、能源、广电、教育、医疗、国有企业、民营企业等行业的单位组成，总队最终审核确定 xx 个目标系统。

2．参演各方职责与要求

1）指挥部

指挥协调组：按照演练方案和指挥长要求组织、协调各部门实施实战攻防演练。

技术保障组：负责演练方案、演练脚本、视频素材采集和各类总结报告的编写工作。

负责攻防过程中实时状态监控、阻断非法操作等。维护演练 IT 环境和演练监控平台的正常运转。

负责演练过程中的协调联络和后勤保障等相关工作。

专家组：负责对演练整体方案进行研究把关，在演练过程中对攻击效果进行总体把控，对攻击成果进行研判，负责演练中的应急响应保障演练安全可控。

负责攻防演练过程中巡查各个攻击小组的攻击状态，监督攻击行为是否符合演练规则，并对攻击效果进行评价，对攻击成功判定相应分数，依据公平、公正的原则对参演攻击团队给予排名。

应急处置组：网络安全事件处置。

2）攻击方

攻击方人员在演练过程中应严格遵守各项规定，充分发挥技术水平，展现各攻击团队的技术实力。

（1）**保密要求**。参演的攻击方企业及个人均应与 xxx 签署演练保密协议，承诺不泄露、不利用演练过程中接触到的重要数据和发现的系统漏洞；不得公布本次演练中发现的任何漏洞以及相关信息；不得对外公布本次演练相关情况。

（2）**禁用攻击手段**。一是通过收买防守方人员进行攻击；二是通过物理入侵变电站、截断监听外部光纤等方式进行攻击；三是采用无线电干扰机场航班等直接影响目标系统运行的攻击方式。

（3）**木马使用要求**。木马控制端服务器需使用由工作组统一提供的服务器，所使用的木马应不具有自动删除目标系统文件、损坏引导扇区、主动扩散、感染文件、造成服务器宕机等破坏性功能。本次演练禁止使用具有破坏性和感染性的病毒、蠕虫。

（4）**攻击电脑**。攻击方所使用的终端笔记本按照要求统一安装录屏软件。攻击过程中不允许关闭录屏软件，当发现录屏软件工作异常时，应及时报备、重新启动。攻击过程中不对攻击方使用的攻击手法及 0day 漏洞利用方式进行监控，允许攻击方从终端向虚拟攻击终端拷入数据，但禁止拷出。演练结束后，由指挥部统一回收并采用专业技术手段清除虚拟攻击终端和终端笔记本上信息。

（5）**攻击数据清除**。演练结束后，在驻场民警的监督下，由技术保障组和攻击方对在演练过程中使用的所有木马及相关程序脚本、数据（录屏文件及相关日志除外）等进行清除。

3）防守方

防守方应保证被攻击系统的可用性，不得采用断网、关闭服务等方式妨碍演练活动。应完善企业内部应急响应机制，准备应急保障资源；应采取适当的技术措施对被攻击系统进行监测，保存监控视频和截屏数据，及时处置并上报指挥部。对防守方要求如下：

（1）保密要求。各单位参与防守的人员不得向攻击方人员提供系统安全弱点、防守措施等信息，不得向外界公布演练过程和演练结果。

（2）发现攻击源时的处置要求。不能对来自演练攻击方的攻击行为进行阻断；对威胁防守方生产经营的攻击，防守方应及时处置并上报；发现攻击行为后，立即处置并采用电话邮件等方式或者通过演练平台通报给指挥部，如不属于报备的 IP，防守方立即向当地公安机关报案。

（3）系统监控和应急响应。防守方应整合企业内部资源，充分调动网络安全服务商、安全专家团队、运维团队等资源对演练目标实施监控，加强人员值守。防守方应建立完善的应急响应机制，在发生安全事件后应及时启动应急机制，快速响应。

4）公安部门

参演的公安机关网安部门分为两支队伍，承担不同任务：一是作为监督方，驻场于攻击方场地，监控攻击方行为，发现违规行为立即禁止。演练结束后，清理攻击现场，统一回收攻击用笔记本电脑上交指挥部。二是作为参演方，随时待命，在防守方报案后，协助其开展应急处置，并按照实际流程进行通报预警、调查取证、追踪溯源等工作。

三、演练安排

本次演练分为三个阶段：准备阶段、实施阶段和总结阶段。

1. 准备阶段：10 天，x 月 x 日至 x 月 x 日。

明确演练要求，制定演练方案，组织演练队伍，确定相关约束措施，制定相应应急预案，搭建演练环境。组织召开 xx 实战攻防演练启动部署会。

2. 实施阶段：5 天，x 月 x 日至 x 月 x 日。

攻击测试。组织攻方对目标系统开展渗透性攻击测试，攻击方寻找攻击路径，发现安全漏洞和隐患，获取目标系统的网络整体构架、资产配置、端口开放等情况，并做好记录和截图。

攻防对抗。攻守双方实施攻防，固定证据并上传演练结果到指挥部，进行可视化展示。攻防实时状态通过视频接入 xx 实战攻防演练指挥调度大屏。

3. 总结阶段：15 天，x 月 x 日至 x 月 x 日。

对演练进行全面总结，形成专报上报。对于演练发现的问题隐患，逐一向防守方反馈，组织防守方整改，并及时向公安机关提交整改报告。

四、演练场景设置

本次攻防演练环境主要包括两部分：

演练指挥大厅。设置演练指挥部，演练过程中，攻方和守方的实时状态将接入演练指挥大厅指挥调度大屏，指挥部可以实时监控攻防演练过程，领导可以随时进行指导、视察。

攻击场地。指挥部提供演练专用场地，搭建专用的网络环境并配以充足的攻击资源。正式演练实施阶段，参演的攻击小组均在此场所内实施网络攻击。场地内部署攻防演练监控系统，协助技术专家监控攻击行为和流量，以确保演练中攻击的安全可控。

五、演练保障措施

1. 搭建演练监控指挥平台

搭建演练监控指挥平台，保障演练过程中严格落实"全程监控、全程审计、全程录屏、全程录像"等安全管控措施，确保参演系统业务不停顿、数据不泄露、信息不窃取，演练后正常运转无隐患遗留。

（1）集中性开展演练

本次网络安全攻防演练场地，为本次技术支持单位参演队伍提供统一的虚拟攻击终端、专网接入通道、攻击 IP、跳板机等攻击资源，所有攻击必须使用专用攻击资源进行，达到演练安全可控的目的。

（2）对演练攻击流量进行全面分析

技术支持单位通过连接专网设备的内网交换机进行全流量镜像，并传输全流量分析设备、APT、DPI 等攻击状态分析设备，进行流量分析与监测，以发现不合规的攻击行为，进行阻断。

（3）攻击设备统一安装录屏软件、攻击工具

攻击设备（主要是虚拟化攻击终端），应预装录屏软件和攻击工具软件，演练完成后，演练单位监督演练保障组和攻击队统一回收处理录屏录像、清理虚拟攻击终端。

（4）统一提供演练场地视频监控摄像头

为保障整个演练过程的可视化，在演练过程中，对攻击方进行实时视频录像，并接入演练指挥部，演练开始后不允许对摄像头进行位置或者设置的改变。摄像头安装位置要求能够监控到所有攻击队伍，每个摄像头应配备一个 TF 存储卡，所有摄像头画面应本地留存一份，并定期将视频数据导出。

（5）演练环境整体网络拓扑

技术支持单位为演练搭建专用的监控指挥平台，对攻击过程进行监控，对所有行为进行监管、分析、审计和追溯，发现违规情况第一时间阻断，以保障演练的过程可控、风险可控。攻防演练环境的整体网络拓扑示意图如图 2-9 所示。

整体攻防演练系统部署在 xxx 地点，攻防演练环境主要包括二大部分。一是指挥部。演练过程中，攻击方的实时状态将接入指挥部指挥大屏，组织力量监控攻击行为和流量，确保演练中的攻击安全可控。攻击成果展示和攻方监控视频直播，通过大屏展示在指挥部大厅，同时直播数据通过专线发送至大屏，相关人员可以随时了解当前状态。二是攻击方场地。有 15 支作战队伍，在演练实施阶段，攻击团队在专用场所内使用专用虚拟化

攻击终端和攻击线路实施攻击，相关视频通过摄像头实时回传到演练指挥部。

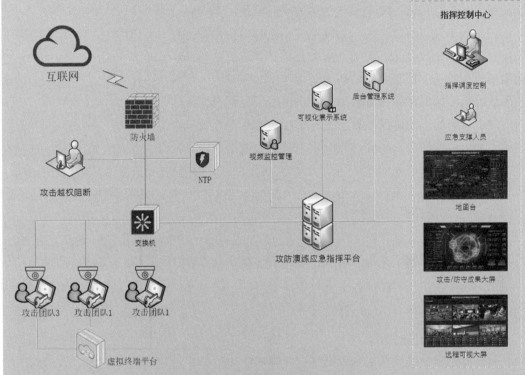

图 2-9　整体网络拓扑示意图

2. 制定演练安全管控措施

（1）启用"虚拟化攻击终端"，确保敏感数据"拷不了、传不走"。为了解决演练敏感数据外泄问题，应为攻击方提供虚拟化攻击终端，满足以下要求。一是通过技术措施将物理机与虚拟机绑定，确保虚拟终端专人专用。二是内置攻击工具、攻击环境、办公软件、录屏软件等，使虚拟化终端成为相对封闭的工作环境，并对工作过程全程录屏。三是只允许从物理机向虚拟终端拷入文件，不允许反向操作。四是禁止在虚拟终端中使用社交软件，禁止通过云盘、私建的文件服务器等上传数据，禁止通过 RDP、SSH、VNC 等协议连接境外服务器。

（2）攻击流量监测。技术支持单位通过连接专网设备的内网交换机进行全流量镜像，使用 APT、DPI 等攻击状态分析设备进行流量分析与监测，以发现不合规的攻击行为，进行阻断。具体应开展以下工作。一是对网络通信行为进行还原和记录，供安全人员进行取证分析，还原内容包括：TCP 会话记录、Web 访问还原、SQL 访问记录、DNS 解析记录、文件传输行为、LDAP 登录行为。二是支持对流量中出现文件传输行为进行发现和还原，将文件 MD5 发送至分析平台。三是可以支持 SQL Server、MySQL、Oracle 三种 SQL 协议的分析和还原。四是可对文件传输协议进行还原和分析，可分析的协议至少包括如下：邮件（SMTP、POP3、IMAP、Webmail）、Web（HTTP）、FTP、SMB。五是支持对常见可执行文件的还原，如 EXE、DLL、OCX、SYS、COM、APK 等。六是支持对常见压缩格式的还原、如 RAR、ZIP、GZ、7Z 等。七是支持常见文档类型的还原，如 Word、Excel、PDF、RTF、PPT 等。

（3）攻击过程实时监控。为确保整个攻防过程安全可控，采用技术专家现场巡查与工具自动化分析相结合的监控方式。技术专家负责在攻击场地全程巡查，巡视各个攻击小组的攻击状态，监督其攻击行为是否符合演练规则。同时，由技术组的监控人员使用全流量分析系统对网络流量数据进行攻击行为分析。

（4）及时攻击阻断及报警。当攻击过程监控中发现异常攻击行为，例如攻击目标系统超出演练范围、攻击行为违规、攻击目标系统已出现异常等，专家组确认后由演练技术组在网络出口及时实施攻击阻断。此外，通过实时的网络数据搜集和攻击状态分析，技术组可提前预测攻击的破坏程度，必要情况下应及时告知专家组，以便与攻击小组有效沟通进行风险规避。

（5）加强攻击武器审查，清除风险隐患。为确保演练中攻击武器工具的安全可靠，要对演练中使用的网络武器工具进行安全审核和改造，消除网络武器工具中隐藏的后门、恶意代码，以及回传敏感信息、擅自回连第三方、暴力穷举等非授权功能，并将通过审查的武器在演练结束后上报指挥部。

3. 规定攻击限定规则

指挥部制定攻防演练的约束措施，明确规定攻防操作限定规则，确保攻防演练能够完全可控开展。

（1）演练限定攻击目标系统，不限定攻击路径

演练时，可通过多种路径进行攻击，不对攻击方采用的攻击路径进行限定，在攻击路径中发现的安全漏洞和隐患，攻击方应及时向指挥部报备，不允许对其破坏性操作，避免影响业务系统正常运行。

（2）除特别授权外，演练不采用拒绝服务攻击

由于演练在真实环境下开展，为不影响被攻击对象业务的正常开展，演练除非经指挥部授权，不允许使用 SYN FLOOD、CC 等拒绝服务攻击。

（3）关于网页篡改攻击方式的说明

演练只针对互联网网站或重要应用的一级或二级页面进行篡改，以检验防守方的应急响应和处置能力。演练过程中，攻击团队要围绕攻击目标系统进行攻击渗透，在获取网站控制权限后，先请示指挥部，指挥部同意后在指定网页张贴特定图片（由指挥部下发）。由于攻击团队较多，不能全部实施网页篡改，攻击方只要获取了相应的网站控制权限，经报指挥部和专家组研究同意，也可计入分数。

（4）演练禁止采用的攻击方式

一是通过收买防守方人员进行攻击；二是通过物理入侵、截断监听外部光纤等方式进行攻击；三是采用无线电干扰等直接影响目标系统运行的攻击方式。

（5）非法攻击阻断及通报

为加强攻击监测，避免演练影响业务正常运行，指挥部组织技术支持单位对攻击全流量进行记录、分析，在发现不合规攻击行为时，阻断非法攻击行为，并转人工处置，对攻击团队进行通报。

4. 建立演练研判系统

（1）建立成果上交系统。攻击者登录系统上交攻击成果，包括攻击域名、IP、系统描述、截屏图片、攻击手段等。

（2）建立裁判打分系统。裁判可使用裁判专有账户登录系统对攻击团队提交的攻击成果进行人工打分。

（3）建立 IP 合法性验证系统。防守方可使用专有账户登录系统对攻击的 IP 的合法性进行验证，如果非演练 IP 直接显示，并上报当地网安案件部分，进行进一步案件处置。

5. 制定演练应急预案

为防止攻防演练中发现不可控突发事件导致演练过程中断、终止，需要预先对可能发生的紧急事件（如断电、断网等）制定应急预案。攻防演练中一旦参演系统出现问题，防守方应做出临时安排措施，及时向指挥部报告，由指挥部通知攻击方在第一时间停止攻击。

六、攻击及防御方式

1. 攻击环节
1）攻击场景及其安全保障规则

一是信息篡改。针对攻击目标的业务网络，攻击方通过控制网关和路由等网络关键节点，利用流量劫持、会话劫持等中间人攻击手段修改正常的网络服务业务传输数据，导致正常产生的业务被恶意利用。当攻击者已渗透到能够进行业务篡改操作时，可以用目录结构、屏幕截屏的形式来记录攻击效果，并与指挥部取得联系，在其确认攻击效果后即可遵循演练规则，中止攻击。攻击者应在完成演练后协助指挥部回溯攻击过程。

二是信息泄露。当攻击方渗透到能够获取包含大量机密信息或敏感信息的关键阶段时，应及时暂停攻击并与指挥部取得联系。在攻击效果被确认后即可遵循演练规则，终止攻击行为，并在演练后协助指挥部回溯整个攻击过程。演练中应严格禁止使用"拖库"等手段，造成业务系统信息泄露的严重后果。

三是潜伏控制。攻击方利用各种手段突破防火墙、安全网关，入侵检测设备、杀毒软件的防护，通过在目标主机和设备上安置后门程序获得其控制权，在真正攻击行动未开始前保持静默状态，形成"潜伏控制"。在经指挥部允许后，攻击方可上传小型单次的控制后门，并在演练后为攻击过程的回溯提供协助。演练中，严禁攻击方上传 BOTNET 或者具有自行感染扫描却无法自行终止卸载的样本。

2）攻击场地

本次采用集中式场地攻击，即攻击者位于演练场地内通过专属网络接入后，通过互联网对目标发起的攻击。场地攻击所带来的优势具有攻击方人员可控、攻击可控和流量可控，整个过程可回溯，人员集中，能够确保整个演练统一指挥、统一部署、统一行动。

3）攻击方式

一是 Web 渗透。演练过程中攻击方对成功的 Web 渗透应保存相关可回溯信息，在整个链条攻击完成后，及时通知指挥部并提供相关信息。在攻击方终止攻击后，及时上报指挥部。演练结束后，告知防守方相关信息并指导其及时修复相关漏洞。

二是内网渗透。攻击者通常需要绕过防火墙，并基于外网主机作为跳板来间接控制内部网络中的主机，演练过程中攻击方对成功的内网渗透过程应保存相关可回溯信息。在整个链条攻击完成后，及时上报指挥部并提供相关数据，演练结束后防守方及时修复相关漏洞。

2. 防御环节

1）演练前加固

作为关键信息基础设施和重要信息系统的安全责任主体，各单位已经制定符合相关标准的信息安全管理规范，主要有对网络硬件、软件部署和配置的基本安全要求，包括网络组件安全要求、网络服务配置安全要求；主机配置安全要求；安全设备配置要求；安全管理制度等。防守方在各单位的信息安全管理规范及相关规定的基础上，适当对目标系统进行安全检查和加固，禁止对目标系统采取超过日常防护水平的超常规防护措施，防守方可依据各单位的信息安全管理规范及相关规定进行安全巡检。

2）防御规则

防御规则是指在保证正常业务运行的前提下，尽可能阻止攻击者对目标网络实施攻击而制定的安全策略。通常防御规则基于最小权限原则而定，即仅仅开放允许业务正常运行所必需的网络资源访问，不能采取极端的防御措施（如屏蔽所有端口，终止或下线业务）。

3）攻击发现

被攻击者发现所属网络中有拒绝服务，异常流量、流量监听、恶意样本、主机日志审计、安全设备检测等行为。攻击发现后，防守方应自行采取相应的处理措施并按通报规则将攻击上报并及时上报指挥部。当攻击的方式危及业务的运行时，防守方应尽快报告指挥部，由指挥部通知攻击方停止攻击。

4）攻击阻断

被攻击方检测到攻击行为时，为了抑制攻击行为，使其不再危害目标网络采取的安全应急手段。通常攻击阻断需要依据攻击行为的具体特点实时制定攻击阻断的安全措施，例如，关闭指定端口、屏蔽指定 IP、切断相关链接、查杀恶意样本等手段。防守方采取的攻击阻断方式应详细记录在案。

5）业务恢复

当目标系统网络被攻击后，被攻击方通过恢复系统镜像、数据恢复、系统和软件重装等方式将系统业务恢复到未被攻击状态。演练规则中正常状态下不应出现需要业务恢复的场景，当出现需要业务恢复的场景后，防守方应尽可能详细地记录各种网络环境状态参数用于事后的追踪溯源。

6）追踪溯源

当目标网络被攻击后，通过主机日志、网络设备日志、入侵检测设备日志等信息对攻击行为进行分析，以找到攻击者的源 IP 地址、攻击服务器 IP 地址、邮件地址等信息。溯源的目的是要区分出攻击方式和来源，以判断对方是否为演练组织的攻击者。溯源结果防守方应立即上报指挥部，演练结束后防守方应该将完整的溯源流程记录在演练报告中。

七、演练总结

1．攻击资源回收

演练结束后，在驻场民警的监督下，由保障组和攻击方对演练过程使用的所有木马及相关程序脚本、数据（录屏文件及相关日志除外）等进行清除。

2．交流反馈阶段

演练结束后，演练指挥部要组织攻防双方对演练进行复盘、认真梳理演练过程中各支攻击队伍使用的攻击路径、攻击手法、攻击工具，与防守方共同清除攻击痕迹、提出安全加固措施、消除安全隐患。同时要认真总结演练成果及经典案例，提炼出演练中的最佳实践，指导各单位做好网络安全防护工作。

3．下发整改通知并督促整改

组织专业技术人员和专家，汇总、分析所有攻击数据，汇总发现的突出问题，形成整改报告，由区分局下发到防守单位，进行应急处置、督促其整改及上报整改结果。

20××年 5 月 15 日

2.8.2　评分规则

2.8.2.1　网络攻防演练评分规则（攻击方）

攻击方的网络攻防演练评分规则示例，如表2-18所示。

表 2-18 攻击方网络攻防演练评分规则示例

序 号	类 型	赋值规则	备 注
(一)获取权限:得分上限的对象是单个防守单位及其所有下属机构			
1	获取参演单位的域名控制权限	一级域名 100 分、二级域名 50 分	根据域名类型给分,单个防守方单位(含所有下属机构)得分上限为 500 分。影响特别重大成果的由指挥部研判后给分
2	获取 PC 终端、移动终端权限(手机、Pad)	PC 终端:20 分/台 移动终端:50 分/台	得分上限为 500 分。其中 PC 终端,应为 system 或 root 权限
3	获取邮箱权限	邮箱账号口令:20 分/个	得分上限为 200 分。使用默认密码猜解账户成功地只给一次分(公共自主注册邮箱不给分)
		系统管理员权限:500 分~1000 分	获取自建、在用的邮件系统管理员权限,可以查看、获取全量邮件内容。得分上限为 1000 分。特别重大战果由指挥部研判后给分
4	获取办公自动化系统权限	200 分~500 分	获取全局性自建、在用的 OA、即时通信、项目管理、财务等系统管理员权限,可以查看、获取大量信息。得分上限为 1000 分。特别重大战果由指挥部研判后给分
5	获取身份、账户管理平台权限(SsO,4A)	系统管理权限 300 分,能登入的系统 100 分/个	同一系统的同等权限(包括管理员)只得一次分。得分上限为 1000 分
6	获取域控系统权限	管理员权限 200 分,域内可控服务器 10 分/台	得分上限为 4000 分,特别重大战果由指挥部研判后给分
7	获取堡垒机、运维机权限	管理员权限 200 分,托管的服务器 10 分/台	
8	获取云管理平台控制权	管理员权限 200 分,云上主机 10 分/台	单个云平台得分不超过 2000 分,得分上限为 4000 分。特别重大战果由指挥部研判后给分
9	获取大数据系统权限	/	按数据量和重要程度给分,得分上限 3000 分。特别重大战果由指挥部研判后给分
10	获取数据库连接账号密码(含 SQL 注入)	普通用户权限 50 分,管理员权限 100 分	同一系统的同等权限(包括管理员)只得一次分。得分上限为 1000 分,特别重大战果由指挥部研判后给分
11	获取网络设备权限	依据最终成果倒溯给分,如与核心目标同网段,300 分。以路由器为例,小型 50 分,中型 150 分,大型 300 分	包括防火墙、路由器、交换机、网闸、光闸、摆渡机、VPN 等,需提供路由表等证据或连接量截图。得分上限为 2000 分,特别重大战果由指挥部研判后给分
12	获取工业互联网系统权限	/	包括车联网、智能制造、远程诊断、智能交通等,根据系统重要程度由指挥部研判后给分

（续表）

序 号	类 型	赋值规则	备 注
13	获取物联网设备管控平台权限	带控制功能的物联网平台200分，按照平台上连接点数计算5分/台。	得分上限为1000分，特别重大战果由指挥部研判后给分
14	获取安全设备权限	普通用户权限50分，管理员权限200分	包括IDS、审计设备、WAF等安全设备控制权限（含分布式部署系统的管理后台）。得分上限为1000分，特别重大战果由指挥部研判后给分
15	获取一般Web应用系统、FTP等应用权限	普通用户权限20分，系统管理员权限100分	同一系统的同等权限（包括管理员）只得一次分，使用默认密码猜解账户成功地只给一次分（公共自主注册Web系统不给分）。与服务器主机权限不可兼得。得分上限为2000分，特别重大战果由指挥部研判后给分
16	获取服务器主机权限（含WebShell权限）	普通用户权限50分，管理员权限100分	虚拟主机、Docker容器等视同主机。通过多网卡进入新网络区域的，按照进入的网络类型给分。与其他应用系统权限不可兼得
17	获取其他系统、服务器、设备等权限	/	由指挥部参照演习目标系统给分
（二）突破网络边界：突破同一类网络边界只给一次分，一个单位上限是8000分			
18	进入逻辑隔离业务内网	1000分	提供翔实确凿的证明材料（如防火墙、VPN、多网卡主机、网络设备的控制截图，能访问内网的截图证明等）DMZ区、办公内网视为互联网区
19	进入逻辑强隔离业务内网	2000分	提供翔实确凿的证明材料（如网闸类隔离设备的控制截图，能访问内网的截图证明等）
20	进入核心生产网（如铁路调度专网、银行核心账务网、电力生产控制大区、运营商信令网、能源生产物联网等）	5000分	提供翔实确凿的证明材料（如防火墙、VPN、多网卡主机、网络设备、网闸类隔离设备的控制截图，能访问内网的截图证明等）
21	其他情况		根据各单位内部网络实际情况，由指挥部核定给分
（三）获取目标系统权限，根据业务的核心程度给分			
22	互联网区	5000分1个	如果获取互联网区目标系统外的其他重要业务系统权限，能够影响全行业或某一地区重大业务开展，且报告逻辑清晰，条理清楚，视同目标系统给分，最高4000分
23	业务内网区	7000分1个	如果获取业务内网区目标系统外的其他重要业务系统权限，能够影响全行业或某一地区重大业务开展，且报告逻辑清晰，条理清楚，视同目标系统给分，最高6000分

（续表）

序号	类型	赋值规则	备注
24	核心生产网（如铁路调度专网、银行核心账务网、电力生产控制大区、运营商信令网、能源生产物联网等）	10000 分/个	如果获取核心生产网区目标系统外的其他重要业务系统权限，能够影响全行业或某一地区重大业务开展，且报告逻辑清晰，条理清楚，视同目标系统给分，最高 9000 分
25	其他情况	/	由指挥部核定给分
（四）发现演习前已有攻击事件（需提交独立分析报告）			
26	发现已植入的 WebShell 木马、主机木马	100～500 分/个主机，根据木马发现的网络重要性给分	提供包含确凿证据的详细分析报告（创建时间、功能分析、访问日志、上传的工具武器、攻击行为记录等）由指挥部研判后给分
27	发现黑客利用破解的密码登录主机系统	100～500 分/个主机，根据登录主机的网络重要性给分	提供包含确凿证据的详细分析报告（创建时间、访问日志、上传的工具武器、攻击行为记录等）由指挥部研判后给分
28	发现主机异常新增账号	100～500 分/个主机，根据主机的网络重要性给分	提供包含确凿证据的详细分析报告（创建时间、访问日志、上传的工具武器、攻击行为记录等）由指挥部研判后给分
29	发现隐蔽控制通道（发现了跳板类软件：端口转发、代理程序等）	100～500 分/个主机，根据隐蔽控制通道的重要性给分	提供包含确凿证据的详细分析报告（创建时间、功能分析、访问日志、上传的工具武器、攻击行为记录等）由指挥部研判后给分
30	发现其他系统被控制的线索情况	/	由指挥部核定给分
（五）漏洞发现			
31	提交 0-Day 或未被正式公开 N-Day 漏洞	0～10000 分	（1）根据漏洞对重要行业和关键信息基础设施的重要程度给分，如影响范围、网络位置、可获取的权限等。分为高中低三档，高 5000-10000，中 2000-6000，低 0-3000，指挥部根据具体情况研判给，详见漏洞加分表。（2）必须在演习期间使用该漏洞进行攻击操作
（六）沙盘推演支撑			
32	攻击方案被采纳作为主方案	7000 分	按照沙盘推演行业和场次累计计算。指挥部统一评判
33	参与沙盘推演，但未被采纳为主方案	5000 分	/
二、减分规则			
（一）提交成果不完整			

（续表）

序　号	类　型	赋值规则	备　注
1	未完整上报攻击成果，没有提交漏洞截图或详情，普通成果缺乏完整链条，重大成果缺乏关键环节	指挥部有权驳回、减分或不给分，直至补充完整	/
（二）被防守方溯源			
	被防守方溯源到攻击队员、攻击资源	减3000分	1. 攻击队员或公司被溯源，减3000分 2. 以攻击队员或公司被溯源为前提，攻击资源（如攻击主机、Web系统等）被控，减500分/个

（三）违反演习规则制度：违规行为记入个人和队伍档案，并根据违规行为的严重程度，进行分级处理，包括扣分、公开通报、终止个人或队伍本次资格、个人或单位加入黑名单、行业禁入

2.8.2.2　网络攻防演习评分规则（防守方）

防守方的网络攻防演习评分规则示例如表2-19所示。

表2-19　防守方评分规则示例

一、加分规则

1. 防守方的扣分是多支攻击队从该防守方获取的成果总分。

2. 防守方加分包括：基础得分与附加分。

3. 基础得分是根据防守方提交的成果报告逐一打分后累加的总得分，每个报告对应一起攻击事件的处置，分别从监测发现、分析研判、应急处置、通报预警、协同联动、追踪溯源6方面打分，具体公式为：该起攻击事件被扣分数 x 各评分点实际得分（百分比）x80%。注：基础得分的上限是攻击方战果得分的80%。

4. 防守方提交的每一份报告围绕一起攻击事件编写，只有属于演习范畴的安全事件（属于已认定的攻击方战果）方可得分，同一起事件不允许出现在多份报告中。

5. 附加分上限为3000分，所有防守方单位都可以提交。

6. 防守方提交的报告数量上限为50个。

7. 报告要有逻辑性，要提供确凿证据的文字描述和日志、设备界面截图等。

8. 本次演习设计了"防护值"公式：（1）防守方被扣分情况下：防护值=（基础得分+扣分+附加分+3000×0.2）×10000；（2）防守方未扣分情况下：防护值=(0.8+附加分+3000×0.2)×10000。具体防守方评分规则示例，见表2-19所示。

序　号	类　型	赋值规则	备　注
1	监测发现（25%）	及时性（防守方自证，5%）	提交攻击时间、发现时间等
2	/	采用工具或手段（3%）	提交监测发现使用的工具或手段包括但不限于：安全设备、态势感知平台、流量分析等
3		覆盖率（结束的时候算总的覆盖率，9%）	防守方发现的被控IP（填写被控IP地址、URL、被攻击单位名称等），占各攻击队控制其IP的总数

序　号	类　　型	赋值规则	备　　注
4		有效性（是否能够发现攻击方有效攻击手段，8%）	18种攻击方有效攻击手段： 1. 互联网侧信息搜集 2. 涉"重点人"敏感信息搜集 3. 供应链信息搜集 4. 应用层漏洞利用 5. 系统层漏洞利用 6. 钓鱼邮件攻击 7. 社工欺骗利用攻击 8. 弱口令攻击 9. 网站木马攻击 10. 内核/内存木马攻击 11. 无线网络攻击 12. 物理接触攻击 13. 权限提升 14. 授权、认证机制绕过 15. 搭建隐蔽通道 16. 内网敏感信息搜集利用 17. 供应链打击 18. 内存口令提取
5	分析研判（15%）	锁定涉事单位及关联单位（3%）	确定该起事件涉及的资产范围、资产所属单位、运营单位等
6	/	锁定主要责任人及相关责任人（3%）	确定该起事件的主要责任人、直接责任人、其他具体负责人员等人员及其相关责任
7	/	明确事件性质以及应采取的措施（3%）	按照涉事件单位网络安全分级分类管理办法和应急处置预案,确定事件性质及应有的处置方案
8	/	研判攻击的影响范围（3%）	确定攻击事件对业务连续性、稳定性、数据安全性等带来的影响,并明确影响范围
9	/	分析研判采用的工具或手段（3%）	在分析研判过程中采用的工具或手段,例如,日志提取工具、关联分析工具及方法、情报提取工具及方法等发挥的具体作用
10	应急处置（25%）	抑制攻击的能力（9%）	阻断有效攻击源（如IP、物理接口、服务等）（6%）
11	/	/	处置社会工程学攻击的方式与效果（如何处置）（3%）
12	/	根除攻击的能力（8%）	漏洞定位与修复能力（定位漏洞位置,快速修复漏洞）（小时级）（4%）
13	/	/	清除或处理攻击工具、异常账号等攻击载体（4%）
14	/	恢复能力（8%）	业务整改恢复能力（按时间评分）

（续表）

序 号	类 型	赋值规则	备 注
15	通报预警（15%）	准确性（5%）	是否能将涉及该事件的时间、影响范围、危害以及对策措施等情况，翔实准确地通过文字、图表等形式表达出来
16	/	穿透性（5%）	能否将通报预警信息及时传递到一线实战部门和具体责任人
17	/	有效性（5%）	针对该起事件，相关方在接到通报后，已在开展隐患消除工作
18	协同联动（10%）	单位内部各部门之间的联动（2%）	针对该起事件单位内部安全部门、业务部门、管理部门等相关部门在处置事件过程中的联动机制、责任分工及产生的实际效果
19	/	行业内部的各单位的联动（3%）	针对该起事件单位行业内部相关单位，在处置事件过程中的联动机制、责任分工及产生的实际效果
20	/	与公安机关、主管部门联动（3%）	针对该起事件与属地公安机关、主管部门的联动机制、联动防御体系、联动效率及产生的实际效果
21	/	与下属单位的联动（2%）	针对该起事件单位与下属单位，在处置事件过程中的联动机制、责任分工及产生的实际效果
22	追踪溯源（10%）	溯源到场内攻击队设备信息（4%）	根据路径长度、路径还原完整度和复杂度酌情给分
23	/	溯源到场外攻击队设备信息（2%）	根据路径长度、路径还原完整度和复杂度酌情给分
24	/	溯源到攻击队员虚拟身份（2%）	根据路径长度、路径还原完整度和复杂度酌情给分
25	/	追踪溯源攻击主机或攻击控制主机（2%）	根据攻击主机或控制主机的可信度、路径长度、路径还原完整度和复杂度酌情给分
26	附加分项	0day 漏洞的发现和处置（上限 1500 分）	在演习期间发现 0day 漏洞攻击事件（提交漏洞特征、原理、利用方法等说明文档，以及 POC 程序），处置和采取应对措施及时有效
27	/	上报涉及本单位非法攻击线索（在演习期间发生，在演习范畴之外），并对攻击者画像（上限 1500 分）	例如，木马、后门、逻辑炸弹等，并尝试对攻击者画像，提交攻击者组织属性或个人属性、所使用的攻击工具、所拥有的攻击设施、网络活动规律、攻击手法及特点等

序　号	类　　型	赋值规则	备　　注
二、减分规则			
（一）非正常防守			
1	发现防守方对任意系统非正常防守，包括封C段，网站不可用，网站首页被改为图片，被发现并提交确切证据	每30分钟减10分，5个小时仍未整改的，每30分钟减20分	指挥部研发专门的系统，由攻击队提交防守方非正常防守的线索证据，系统核验并通知防守方，并给予2个小时处置时间，2小时后开始扣分，采用滴血式扣分方式，直到防守方改正行为
（二）系统或网络被控：攻击方获得系统权限或突破网络边界，防守方相应扣分			
1. 权限被控			
1	被获取参演单位的域名控制权限	一级域名100分、二级域名50分	影响特别重大成果的由指挥部研判后评分
2	被获取PC终端、移动终端权限（手机、Pad）	PC终端20分，移动终端50分	PC终端为System权限或Root权限
3	被获取邮箱权限	邮箱账号口令：20分	被攻击方使用默认密码猜解账户成功的只扣一次分
4	/	系统管理员权限：500分～1000分	特别重大情况由指挥部研判后评分
5	被获取办公自动化系统权限	200分～500分	获取全局性自建、在用的OA、即时通信、项目管理、财务等系统管理员权限
6	被获取身份、账户管理平台权限（SSO, 4A）	系统管理权限300分，能登入的系统100分1个。	特别重大情况由指挥部研判后评分
7	被获取域控系统权限	管理员权限200分，域内可控服务器10分/台。	特别重大情况由指挥部研判后评分
8	被获取堡垒机、运维机权限	管理员权限200分，托管的服务器10分/台。	特别重大情况由指挥部研判后评分
9	被获取云管理平台控制权	管理员权限200分，云上主机10分/台。	特别重大情况由指挥部研判后评分
10	被获取大数据系统权限	/	按数据量和重要程度评分，特别重大情况由指挥部研判后评分
11	被获取数据库连接账号密码（含SQL注入）	通用户权限50分，管理员权限100分。	同一系统的同等权限（包括管理员）只扣一次分
12	被获取网络设备权限	依据最终成果倒溯减分，例如，和核心目标同段网，300分。以路由器为例，小型50分，中型150分，大型300分。	包括防火墙、路由器、交换机、网闸、光闸、摆渡机、VPN等，特别重大情况由指挥部研判后评分

（续表）

序号	类型	赋值规则	备注
13	被获取工业互联网系统权限	/	包括车联网、智能制造、远程诊断、智能交通等，根据系统重要程度由指挥部研判后评分
14	被获取物联网设备管控平台	带控制功能的物联网平台200分，按照平台上连接点数计算5分/台。	特别重大战果由指挥部研判后减分
15	被获取安全设备权限	普通用户权限50分，管理员权限200分	包括IDS、审计设备、WAF等安全设备控制权限（含分布式部署系统的管理后台），特别重大情况由指挥部研判后评分
16	被获取一般Web应用系统、FTP等应用权限	普通用户权限20分，系统管理员权限100分。	同一系统的同等权限（包括管理员）只得一次分。如果服务器主机权限同时被控，只扣一次分
17	被获取服务器主机权限（含WebShell权限）	普通用户权限50分，管理员权限100分。	与其他扣分项不叠加扣分，特别重大情况由指挥部研判后评分
18	被获取其他重要业务系统、生产系统、数据系统等权限	/	由指挥部参照演习目标系统评分
19	被获取其他系统、服务器、设备等权限	/	由指挥部核定评分
2. 网络边界被突破			
20	被攻击者进入逻辑隔离业务内网	-1000	/
21	被攻击者进入逻辑强隔离业务内网	-2000	/
22	被攻击者进入核心生产网（如铁路调度专网、银行核心账务网、电力生产控制大区、运营商信令网、能源生产物联网等）	-5000	/
23	其他情况	/	/

（续表）

序　号	类　型	赋值规则	备　注
3. 目标系统被控			
24	互联网区　-5000分　如果互联网区目标系统外的其他重要业务系统权限被控，能够影响全行业或某一地区重大业务开展，视同目标系统失分，最高减4000分	-5000	如果互联网区目标系统外的其他重要业务系统权限被控，能够影响全行业或某一地区重大业务开展，视同目标系统失分，最高减4000分
25	业务内网区	-7000	如果业务内网区目标系统外的其他重要业务系统权限被控，能够影响全行业或某一地区重大业务开展，视同目标系统失分，最高减6000分
26	核心生产网（如铁路调度专网、银行核心账务网、电力生产控制大区、运营商信令网、能源生产物联网等）	-10000	如果核心生产网区目标系统外的其他重要业务系统权限被控，能够影响全行业或某一地区重大业务开展，视同目标系统失分，最高减9000分

3.1　模拟演练概述

网络模拟演练是新形势下关键信息系统网络安全保护工作的重要组成部分。与军事演习同理，一个具有前瞻性的网络模拟演练，是除了实战外最能检验国家与企业的安全团队防御能力的考核方式。模拟演练即根据黑客攻击的思维，参考黑客攻击的手段，制定攻击的路线，尽可能全面发现导致黑客入侵的所有途径与目前网络环境存在的安全风险，更好地加强网络第五空间的国家主权和安全。

3.1.1　模拟演练介绍

模拟演练是一种以企业或单位中的目标系统为目标、基于ATT&CK框架下的创新性攻防对抗形式。演练形式会将攻击手段和防御策略进行对比，记录整个攻守行动的依存关系，以达到尽可能真实地对系统进行多维度、多手段、对抗性的模拟攻击，以此来验证目标系统的实际安全性与防御对抗能力。

进行一次模拟演练的主要组织要素包括：演练组织方、演练技术支持平台、防守方（蓝队）等部分。

紫队在模拟演练中担任组织方的角色，对目标系统的外部威胁暴露面进行分析，评估ATT&CK技术覆盖面，组织模拟基于评估数据源进行真实攻击的自动化测试。在紫队参与下的模拟演练更能够检验蓝队的情报分析与应急响应能力，并随着时间推移对企业的防御方面进行可量化的提高企业的收益，演练整体安全能力框架如图3-1所示。

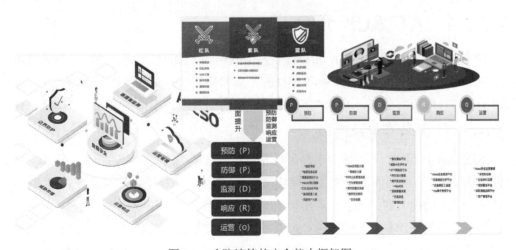

图 3-1　攻防演练的安全能力框架图

3.1.2　模拟演练组织形式

网络模拟演练的组织形式根据实际需要出发，主要有以下两种：

1．由国家、行业主管部门、监管机构组织的演习

此类演习一般由各级公安机关、各级网信部门、政府、金融、交通、卫生、教育、电力、运营商等国家、行业主管部门或监管机构组织开展。针对行业关键信息基础设施和重要系统，组织攻击队以及行业内各企事业单位进行紫队模拟演练。

2．大型企事业单位自行组织演习

央企、银行、金融企业、运营商、行政机构、事业单位及其他政企单位，针对业务安全防御体系建设有效性的验证需求，组织攻击队以及企事业单位进行紫队模拟演练。

3.2　ATT&CK 概述

MITRE是美国一家以网络安全、航空科技为核心技术的、具有复杂背景的企业。其前身是麻省理工学院（MIT）的林肯实验室。MITRE曾参与多个涉及网络安全等方面的国防高科技机密项目。

为了能够创建网络攻击中攻击者使用的已知策略和技术的完整列表，更加详细地搜集威胁范围与记录攻击阶段，MITRE推出ATT&CK（对抗战术、技术和程序）框架，作为一种基于真实攻击事件来描述和分类攻防行为的方法论。ATT&CK于2015年5月正式发布，包括初始的9个战术组织96个技术。由于该框架兼具丰富的实战效用和可拓展的顶层模型设计等一系列优点，受到业内的广泛关注，下面我们将对ATT&CK框架进行详细介绍。

3.2.1　ATT&CK 介绍

ATT&CK是对抗战术、技术和程序（Adversarial Tactics, Techniques, and Common Knowledge）的缩写，是一个反映各个攻击生命周期的攻击行为的模型和知识库，主要应用于评估攻防能力覆盖、APT情报分析、威胁狩猎及攻击模拟等领域。

3.2.1.1　矩阵布局及内容

在过去的十年间，人工智能引起了世界众多领域的关注与重视，相关应用和商业整合也迅速发展。当前的人工智能系统可被简单地界定为感知智能（主要集中在对于图片、视频以及语音的能力的探究）和认知智能(涉及知识推理、因果分析等)两种，尽管目前的算法中大多为感知算法，但怎样让AI系统实现感知智能仍然是个难点。例如，我们在做APT追踪的时候就希望借助AI系统的认知智能推理其意图，自动化追踪样本变种等。

目前较为有效的手段就是采用威胁建模知识库的方式，即构建知识矩阵。

ATT&CK即按照技术域（Technology Domains）和平台（Platform）进行了分类设计矩阵。框架由最初的一个矩阵发展至多个矩阵，其中包括了ATT&CK Enterprise、ATT&CK Mobile、ATT&CK ICS和PRE-ATT&CK等。

以下是目前ATT&CK公开的矩阵类型：

- ATT&CK Enterprise。针对传统企业网络与云技术的 ATT&CK 矩阵，也是目前最常用的参考矩阵。企业矩阵主要包含攻击者在后渗透阶段使用的战术和技术，覆盖了以下几个领域的技术内容：
  - 操作系统。例如：Microsoft Windows，macOS and Linux。
  - 云平台。例如：Amazon Web Services（AWS），Microsoft Azure and Google Cloud Platform（GCP）。
  - 云服务。例如：Microsoft Office 365，Microsoft Azure Active Directory and generic SaaS platforms。
- ATT&CK Mobile。针对移动设备攻击行为的 ATT&CK 矩阵。移动矩阵涵盖了移动设备中特殊安全架构的攻击行为，涵盖了 Android 与 iOS 等操作系统的技术内容。
- ATT&CK ICS。针对工业控制系统（ICS）的 ATT&CK 矩阵。工控矩阵主要描述了攻击者针对 ICS 网络攻击中各阶段所使用的 TTP 集，与企业矩阵的内容上互补。
- PRE-ATT&CK。针对攻击准备阶段的 ATT&CK 矩阵。矩阵中的 15 种战术类别源自杀伤链的前两个阶段（侦察和武器化）攻击生命周期，即具体描述了攻击者在发起攻击之前执行的操作。

在2018年路线图中，MITRE最终将PRE-ATT&CK与Enterprise ATT&CK矩阵合并成了一个单一的ATT&CK v8模型，如图3-2所示。

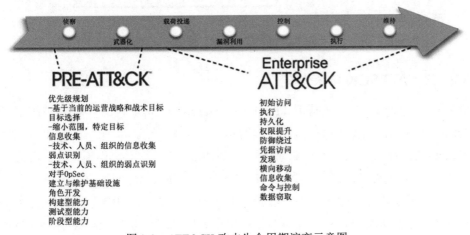

图 3-2　ATT&CK 攻击生命周期演变示意图

3.2.1.2　战术与技术

ATT&CK框架的最高层次是战术。战术是攻击者短期意图的分类和描述，定义了实施攻击技术的原因。ATT&CK for Enterprise将网络安全事件划分为14个阶段，即14种战术指导思想，分别介绍了各种技术的环境类别，并且描述了攻击者在攻击过程中某一阶段试图采用的战术目标。图3-3为ATT&CK v8的14种战术划分示意。

侦查	武器化	初始访问	执行	持久化	权限提升	防御绕过	凭据访问	发现	横向移动	信息收集	命令与控制	数据窃取	影响

图 3-3　ATT&CK 的 14 种战术划分示意图

技术则代表了攻击者通过执行某一个行动实现战术目标的方式手段，也可以表示攻击者通过执行一个动作要获取的"内容"。例如，攻击者可以查询注册表，以获取存储的供其他程序或服务自动登录的凭据和密码。可以看出，战术与技术有明显的区别，前者强调攻击的目的，后者侧重攻击采取的特定动作。在未来的网络攻坚战中，会持续不断地有很多新技术的出现，都可以将它们按照类似的攻击战术分组。ATT&CK战术、技术与步骤之间的对应关系，如图3-4所示。

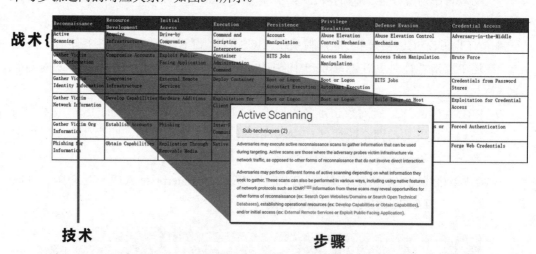

图 3-4　ATT&CK 战术、技术与步骤之间的对应关系

3.2.1.3　ATT&CK 与杀伤链

美国军工企业洛克希德·马丁（Rockheed Martin）公司认为，网络攻击是利用网络现存的漏洞和缺陷，根据一系列计划流程所实施的攻击活动。基于这一考虑，该公司提出了普适性的网络攻击流程与防御概念。洛克希德·马丁参考军事上的杀伤链（Kill Chain）概念，采用网络杀伤链（Cyber Kill Chain）一词来总结网络攻击流程。

2015年，基于洛克希德·马丁公司提出的杀伤链模型，MITRE公司推出的ATT&CK模型构建了一套更细粒度、更易共享的知识模型和框架。但与杀伤链不同，ATT&CK并没有遵循任何线性顺序。反之，攻击者可以随意切换战术来实现最终目标。因此，组织机构必须避免线性思维，对当前防御的所有覆盖范围进行分析，综合评估组织面临的风险，并采用有效措施来弥补差距。图3-5为ATT&CK框架与杀伤链发布时间的对比图。

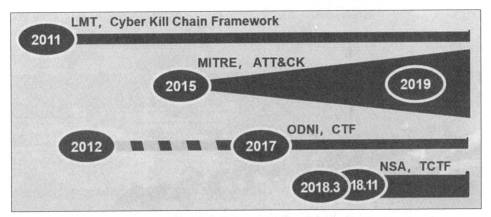

图 3-5　ATT&CK 框架与杀伤链发布时间的对比图

除了在Kill Chain战术上更加细化之外，ATT&CK还描述了可以在每个阶段使用的具体技术，可以不断拓展延伸新型攻击手段。图3-6是ATT&CK框架与Kill Chain战术对比示意图。

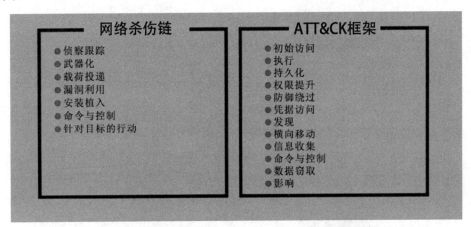

图 3-6　ATT&CK 框架与 Kill Chain 战术对比示意图

3.2.1.4　ATT&CK 对象模型关系

ATT&CK主要有以下五种对象类型，包括攻击组织、技术/子技术、软件、战术与缓解措施。每一个抽象对象都以某种方式与其他对象相关联，对象之间的关系如图3-7所示。

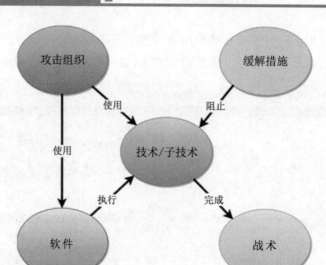

图 3-7   ATT&CK 框架的对象关系

图3-8是一个特定APT的应用示例，APT28组织使用mimikatz对Windows LSASS进程内存进行凭据转储的对象关系模型。

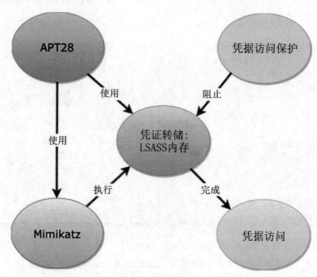

图 3-8   APT 应用示例

3.2.2   ATT&CK 设计哲学

ATT&CK框架背后有主要三个哲学核心：

（1）从攻击者视角出发。

（2）跟踪真实攻击案例中使用过的手段。

（3）通过抽象层次，将上述攻击手法与防守措施相关联。

3.2.2.1　对手视角

ATT&CK框架是以对手的视角来描述模型中战术、技术的术语和程序。相比于许多从防御者角度出发的传统安全模型，ATT&CK使用的对手视角，能够更加深刻地理解攻击行动和潜在的对策。

例如，采用自顶向下描述安全目标的CIA2模型，侧重于关注漏洞得分的CVSS模型，或者主要考虑风险计算的模型DREAD，都仅仅是些浅层次的参考框架。在使用这些模型时，防御分析人员经常会收到警报，但是对于引起警报的事件却几乎没有上下文。框架即不能说明到底是什么原因导致了这些警报，也无法解释这些原因与网络系统中发生的其他事件有何关联。

视角的转换，将问题从简单地搜索一系列被触发的安全事情列表，转变为根据对手的剧本，预判对手的攻击。在某种程度上，ATT&CK为如何评估防御覆盖率提供了一个更准确的参考框架。它以一种不知道任何特定防御工具或搜集数据方法的方式，传达了对抗行动与一系列信息之间的依存关系，使得防御者后续能够跟踪对手每项行为的动机，并了解攻击行动如何与部署在环境中的特定防御类别相关联起来。

3.2.2.2　经验使用

ATT&CK所描述的TTP主要来源于公开报告中疑似APT组织行为的事件，此类安全事件为知识库奠定了重要的基础，使其能够准确地描述出一些历史或现存的在野攻击行为。同时，ATT&CK还会研究一些APT组织或红队的新型攻击利用技术，例如，可以绕过常见企业安全防御的技术与手段、新型特征隐藏手法等。因此，ATT&CK框架做到了真正地将模型与事件联系起来，使其与真实网络环境中可能遇到的威胁相关联，而不是仅仅停留在理论层面。

1. 公开信息来源

与ATT&CK技术相关的技术信息主要有以下几种来源：

- 威胁情报报告
- 会议演讲
- 在线研讨会
- 社会媒体
- 博客
- 开放源代码存储库
- 恶意软件样本

2. 报道不充分事件

目前企业发现的绝大多数攻击事件并不会公开报道，因此ATT&CK还会从在一些未公开或没被充分报道的事件中,汲取包含有攻击者如何组织策划与执行攻击的宝贵信息。搜集到信息后，ATT&CK会将传统攻击技术与其破坏性变形分开测试，并且统计分析该类技术及其变形目前的使用情况，将同一技术的特殊实现手段进行分类展示。此类敏感信息是对企业安全建设来说意义非凡，非常有利于组织机构发现隐蔽的新型攻击技术及变形。

3.2.2.3 抽象提炼

ATT&CK采用的抽象级别是它与其他威胁模型之间最大的区别。常见的高层次模型通常包含了攻击方的生命周期，如洛克希德马丁公司的网络杀伤链，微软的STRIDE等。该类高级模型在理解高抽象化的攻击过程和攻击目标方面确实有用，但这些模型并不能有效地描述出攻击者的某些特殊攻击行为、动作之间的关联性、动作顺序与攻击者目标之间的关联性，以及行动如何与数据源、防御、配置、域安全的其他对策的关联性等一系列问题。

同时，使用了数据库和漏洞利用库的低抽象模型，即使描述了可利用的漏洞实例，也无法涵盖由不同漏洞利用环境及使用方式而产生的迥异结果。类似地，恶意软件数据库一类，通常也因缺乏使用者和恶意软件利用方式的上下文，无法预判与描述出攻击者的目的。

因此，ATT&CK采用的中级对抗模型则必要性地将不同的组件相关联起来。通过战术和技术等阶段确定了生命周期中的对抗行为，在一定程度上更有效地与防御方案相映射。并且进一步细化访问控制、执行和持久化等阶段采用的技术，使各类系统上的具体操作得以被定义与分类。

并且，中级模型也有助于将低级概念应用于上下文中，将威胁情报和事件数据联系起来，以显示攻击者的行为及特定技术的使用情况。例如，ATT&CK的重点在于攻击行为的技术，而不是各类漏洞利用和恶意软件。因为各类恶意软件种类繁多，常规来说除了漏洞扫描、快速修补和IOC等手段很难对整体防御程序进行梳理。但如果充分了解恶意工具用于实现目标的上下文，就可以根据其攻击行为快速地掌握攻击者工具包的作用与威胁，以及其实现环境和下一步攻击计划，从而快速做出阻断响应等防御措施。图3-9显示了高、中、低级别模型和威胁知识库之间的抽象级别比较。

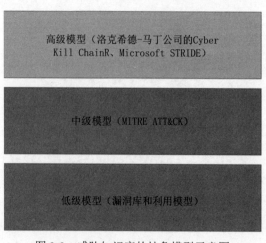

图 3-9　威胁知识库的抽象模型示意图

3.2.3 ATT&CK 的局限性

作为一个案例，我们尝试采用ATT&CK框架对SQL注入攻击进行检测。SQL注入是一种常见Web应用攻击，常年占据OWASP Top 10榜首，具有较高的参考价值。

首先，我们需要明确SQL注入攻击所涉及的ATT&CK技术。参考MITRE官方给出的事件案例，SQL注入攻击一般属于初始访问阶段，即利用对外开放的应用程序漏洞（Initial Access: ExploitPublic-Facing Application），SQL注入利用案例如表3-1所示。

表 3-1　SQL 注入利用案例

域　　名	ID	技　　术	描　　述
企业域名	T1190	利用对外开放的应用程序	APT28 对企业的外网开放网站实施 SQL 注入攻击
企业域名	T1190	利用对外开放的应用程序	Axiom 通过使用 SQL 注入获得对企业系统的初始访问权限
企业域名	T1190	利用对外开放的应用程序	Night Dragon 曾对企业外网 web 服务器进行 SQL 注入攻击，从而获取访问权限
企业域名	T1190	利用对外开放的应用程序	APT39 最初使用 SQL 注入进行初步攻击与破坏

针对该ATT&CK技术，框架给出的检测方案是"监视应用程序日志，以发现那些可能表明试探或成功的漏洞利用的异常行为。使用深度包检测来发现常见漏洞利用的流量，例如，SQL注入。Web应用防火墙可能会检测到试图利用漏洞的不正确的输入。"

大致总结，我们需要做到以下工作来检测这种攻击技术。

（1）为了找出"可能表明试探性的或成功的漏洞利用的异常行为"，因此我们可能需要部署日志审计解决方案，对各种应用程序日志进行采集和分析研判。

（2）为了"使用深度包检测来查找常见漏洞利用的流量"，因此我们可能需要部署NIDS或其他类似系统。

（3）"Web应用防火墙可能会检测到试图利用漏洞的不正确的输入"，因此我们可能需要部署WAF或其他类似系统。

可见ATT&CK的检测指导符合行业最佳实践，令人信服。唯一美中不足之处，就是这些方法都太"单纯"了。绝大多数企业安全运营中都会部署各种检测/防护/审计系统，它们确实能够大幅度提高攻击难度，但在实际工作中应用的效果却往往不尽如人意。

（1）集中日志审计/EDR的部署成本并不低。很多企业IT运维尚无法落实资产梳理，最终导致日志审计的采集范围只能限定在少数关键系统上,连互联网暴露面都无法覆盖，面对无孔不入的渗透攻击有心无力。

（2）IDS/WAF的误报和漏报至今仍然是个老大难问题。要在真正意义上鉴别出攻击行为，需要高度复杂、高度抽象、高度业务相关的知识体系，即使是经验丰富的专业技术人员也未必能够稳定发挥，自动化实现就更加困难了。

其他ATT&CK战术/技术的情况也大同小异。结果来看，ATT&CK框架的指南部分作为培训资料或管理建设参考的价值很高，但不适合直接当成工具使用。整体上比较适合人类阅读而非机器执行。

3.3 ATT&CK 场景

ATT&CK模型在各种日常场景中都很有价值。组织机构开展任何防御活动时，都可以应用ATT&CK分类法，以攻击者的视角来观察其行为。ATT&CK模型不仅为网络防御者提供通用技术库，还为渗透测试和红队提供了可参考对象。同时，为了解决数据差距，ATT&CK为红蓝双方人员提供了通用语言。企业组织可以利用该框架采用差距分析、优秀排序和缓解措施等方式来改善安全态势。下文是一些ATT&CK常见的主要应用场景。

3.3.1 威胁情报

当前企业环境面临的攻击越来越趋于隐蔽性、长期性，仅仅是传统的防御已经不够维系企业安全，企业需要更加持续地检测与响应。而要做到更有效的检测与更快速的响应，安全情报必不可少。传统防御已经被证明不足以保护政府、企业免遭攻击者愈加复杂的针对性攻击，如APT攻击等。目前的组织机构比以往更想弄清楚，到底是谁对其资产和业务运营造成了网络威胁。因此，很多政府企业都正将转向以网络威胁情报（CTI）作为增强自身防御的下一个步骤。

网络威胁情报（CTI），通常是技术报告、白皮书、博客和新闻组中的报告，含有关于网络攻击的宝贵信息来源。这些报告用自然语言描述了攻击行为的许多方面，包括行动的顺序、对被攻击系统的影响以及破坏指标（IOC）。威胁情报报告中也包含子技术相关的主要知识，可以帮助安全运营人员了解攻击过程并应用于检测与溯源。总体来说，网络威胁情报（CTI）的价值在于了解攻击者的行为，并且利用该情报提高决策能力。

3.3.1.1 威胁情报的概念与意义

威胁情报是一种基于证据的知识，包括背景，机制，指标，影响和可行的建议，关于现有或新兴威胁或对资产的危害，可用于通知关于受害者对该威胁或危害进行反应的决策。威胁情报利用公开的可用资源，预测潜在的威胁，可以帮助你在防御方面做出更好的决策，威胁情报的利用可以得到以下好处。

（1）采取积极地措施，代替传统的被动防御。

（2）形成并组织一个安全预警机制，在攻击到达前就已经知晓。

（3）提供更完善的安全事件响应方案与技术。

（4）使用网络情报源来得到安全技术的最新进展，以阻止新出现的威胁。

（5）对相关的威胁进行调查，利于企业更好地进行风险管理和经验沉淀。

（6）更好地调查安全事件，寻找恶意IP地址、域名、网站、恶意软件hash值与受害领域等。

目前大部分企业防御和应对机制基本上仅仅是根据经验构建防御策略、部署产品，并不能应对还未发生以及未产生的攻击行为。因为以往的经验无法完整地表达目前和未来的安全状况，而且攻击手法和工具变化迅速且繁杂，防御基本上都是在攻击发生之后才产生的。与此同时，就需要采用新型的防御策略来提前预知可能发生的攻击，于是威胁情报应运而生。通过对威胁情报的搜集、处理可以实现较为精准的动态防御，企业将能够在攻击未发生之前就做好防御策略。

3.3.1.2　ATT&CK 与威胁情报

MITRE公司早期为美国国防部设计威胁建模，主要是情报分析与反恐情报的领域，而后续延伸到网络空间安全领域，其最大的特色在于分类建模。MITRE推出的SITX1.0版本旨在结构化网络威胁指标与分析网络威胁信息，但其采用OpenIOC的标准格式，术语难以广泛描述已知威胁、攻击手段或其他入侵证据。因此，MITRE在STIX2.0阶段中，引入了攻击和恶意代码这两个相对独立的表述，CAPEC（Common Attack Pattern Enumeration and Classification）完整地定义了500多种入侵攻击方式，MAEC（Malware Attribute Enumeration and Characterization）则定义恶意代码的威胁元语。但由于CAPEC和MEAC过于晦涩与独立，缺乏相互之间的联系，而且缺乏人工智能的推理路径。于是，美国政府又资助其定义了ATT&CK模型及建模字典，用来改进两者的描述。新模型更明确，更易于表达，合并了CAPEC和MEAC，便于表达分享与安全自动化，而且便于引入知识图谱等新的AI技术。在其官网上就描述了79个APT攻击组织（188个别名）的相关TTP例子。利用ATT&CK的流程示意图如图3-10所示。

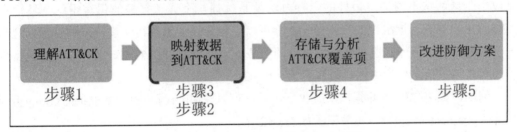

图 3-10　利用 ATT&CK 的流程示意图

ATT&CK Groups 是一个很好的业内实践，将各个APT组织公开报告中的攻击技术及其使用的恶意软件，使用 ATT&CK框架进行了归档。类知识库在APT发现、溯源分析、价值研判方面有很重要的现实意义。情报提取、循环利用与交叉引用等逻辑对减少分析时间、提高情报质量十分重要。MITRE记录的APT组织示意图如图3-11所示。

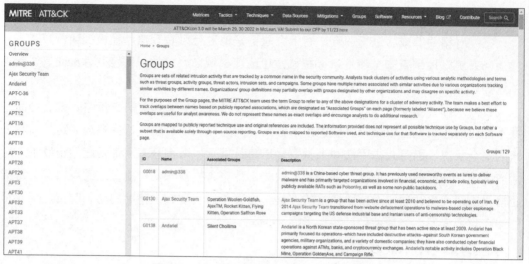

图 3-11　MITRE 记录的 APT 组织界面图

3.3.1.3　企业安全运营中的 ATT&CK

长期以来，很多组织都致力于将ATT&CK框架应用在企业安全运营流程中。几乎所有实际场景中的攻击行为都能在这个框架下得到标准化的记录或解释，这使我们可以在诸多评估、规划与情报领域使用这个框架。

针对不同安全建设程度的企业机构，对于情报的利用可以划分为三个级别：

LV1适用于刚刚起步，但没多少资源的组织。

LV2适用于拥有日趋成熟的中级团队的组织。

LV3适用于拥有高级网络安全团队和资源的组织。

网络威胁情报，简单来讲就是指防守方知道敌方攻击者在做什么，并且利用该情报提高决策能力。对于拥有一个或几个分析师的组织机构，如果想要开始使用ATT&CK框架应用于威胁情报的话，最好的一种办法就是选择一个你感兴趣的黑客组织，然后在ATT&CK框架查询该组织的行为结构。你可以参考曾经被黑客组织攻击过的目标来选择一个黑客组织。另外，很多威胁情报订阅服务提供商也映射在ATT&CK模型，你也可以使用那些情报信息作为参考。

例如，如果你的公司是一家药业公司，你可以在Mitre网站的搜索框或者Group页面搜索"pharmaceutical"，相关记录如图3-12所示。

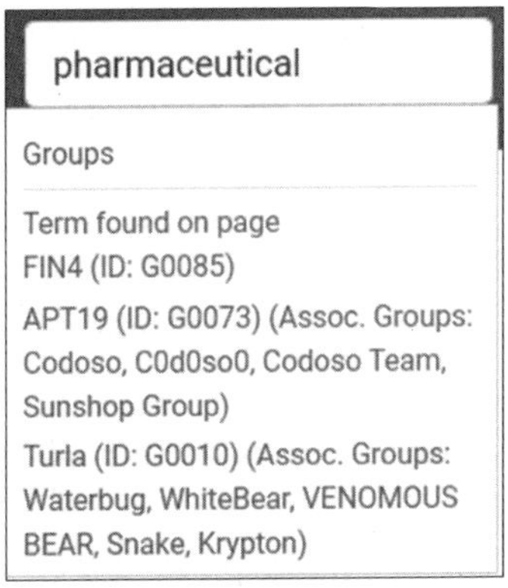

pharmaceutical

Groups

Term found on page

FIN4 (ID: G0085)

APT19 (ID: G0073) (Assoc. Groups: Codoso, C0d0so0, Codoso Team, Sunshop Group)

Turla (ID: G0010) (Assoc. Groups: Waterbug, WhiteBear, VENOMOUS BEAR, Snake, Krypton)

图 3-12　搜索 "pharmaceutical" 的相关记录

假如你发现APT19是一个曾经攻击过你们公司所在领域的黑客组织，可以继续搜索APT19组织的相关信息，如图3-13所示。

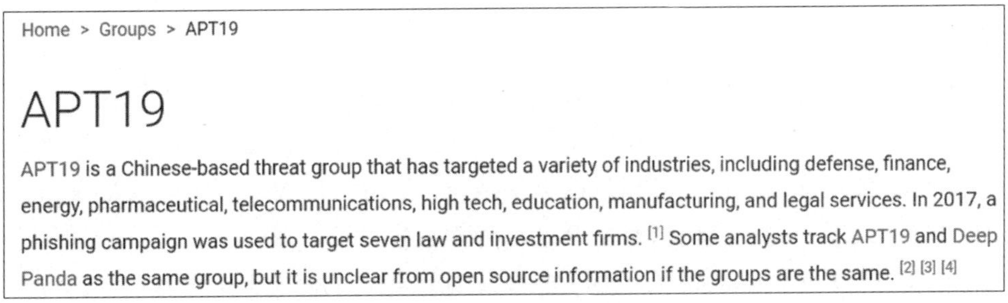

Home > Groups > APT19

APT19

APT19 is a Chinese-based threat group that has targeted a variety of industries, including defense, finance, energy, pharmaceutical, telecommunications, high tech, education, manufacturing, and legal services. In 2017, a phishing campaign was used to target seven law and investment firms. [1] Some analysts track APT19 and Deep Panda as the same group, but it is unclear from open source information if the groups are the same. [2] [3] [4]

图 3-13　APT19 组织的相关信息

1. LV1

你可以打开该组织的详情页面、查看该组织使用的技术（仅基于映射的开源报告），而后就能够学习和了解黑客组织更多信息。如果阅读困难或需要更多技术方面的信息，可以多浏览ATT&CK官网。对于黑客组织使用的技术样本，你都可以重复上述方法查看了解，这些软件样本都被ATT&CK网站进行了跟踪分类。例如，查看APT19使用过的某一技术，如图3-14所示。

| Enterprise | T1547 | .001 | 启动或登录自动执行：注册表运行键/启动文件夹 | An APT19 HTTP malware variant establishes persistence by setting the Registry key `HKCU\Software\Microsoft\Windows\CurrentVersion\Run\Windows Debug Tools-%LOCALAPPDATA%\`. [4] |

图 3-14　查看 APT19 使用过的技术

威胁情报最重要的就是如何让情报可执行。既然这个组织曾经攻击过你公司所在的领域，如果你想要防御他们，就可以把该威胁情报分享给相关安全防护团队。既然已经做了这一步，接下来你可以在ATT&CK网站上查找如何使用检测和响应技术。

例如：在查找针对此项攻击技术的防护建议时，会看到这样一个建议：监控系统环境里新创建的、隐蔽的注册表项。如果你的安全防护团队了解APT19使用过的注册表运行键技术，或者曾经被黑客组织改过注册表项。在与安全防护团队沟通交流时提出上述的安全防护建议，就能使沟通与结果更有效。注册表运行键技术详情如图3-15所示。

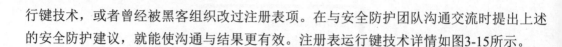

注册表运行键/开机自启动

Adding an entry to the "run keys" in the Registry or startup folder will cause the program referenced to be executed when a user logs in. [1] These programs will be executed under the context of the user and will have the account's associated permissions level.

图 3-15　注册表运行键技术详情

总之，开始使用ATT&CK模型用于威胁情报的简单方法就是查找一个你感兴趣的攻击组织。识别一些APT组织的攻击手段和行为可以帮助你更好地通知安全防护团队采取措施防御该攻击组织。

2. LV2

如果你的企业有一个定期复查敌方攻击者情报的威胁分析团队，可以执行得更高一级的操作——即自己将情报映射到ATT&CK框架而不是使用别人已经映射的情报。如果你有一个你们公司或组织已经处理过的事件报告，这就可以成为可映射到ATT&CK的可靠威胁情报，或者你可以采用博客文章这种外部报告的形式。

如果你并不了解全部的技术，尝试将报告映射到ATT&CK确实会有一定难度，建议尝试下述步骤。

（1）理解ATT&CK——熟悉ATT&CK整体架构：战术（敌方的技术目标）、技术（目标如何实现）、程序（技术的具体实现）。可参考Getting Started 页面和Philosophy Paper页面。

（2）发现行为——从更大范围去思考敌方的行为操作，而不是局限于最基本的指示器（如IP地址）。例如，上面报告里提到恶意软件"创建一个SOCKS5连接"。创建连接这一动作就是敌方采取的一个行为。

（3）调查行为——如果你不熟悉某些行为，就需要做更多的调查。在这个例子里，了解SOCKS5是一个第五层（会话层）协议等。

（4）将行为转为成战术——思考敌方某些行为的技术目标，并选择匹配一个战术。参考Enterprise ATT&CK中含有的14个战术进行选择。以SOCKS5连接为例，建立连接和之后的通信可以被归为命令和控制战术Command and Control。

（5）找出适用于行为的技术——这一点会有点难，但是结合你的分析技术和ATT&CK网站案例，也是可以做到的。例如你在ATT&CK网站上搜索SOCKS，结果中会出现标准非应用层协议技术Standard Non-Application Layer Protocol (T1095)，查看技术描述，你会发现这个技术可能会匹配我们发现的行为。

（6）和其他分析结果做对比——当然，和其他分析师的结果相比，对于同样一个行为，你可能会有一个不同的解释。这种情况很常见，并且在ATT&CK团队，这种情况一直都在发生。建议把你的ATT&CK映射和其他分析师的做对比并讨论他们的不同之处。

3. LV3

对于LV3的网络威胁情报团队来说，自己将情报映射到ATT&CK是一个非常明智的选择，由此可以确保获取到满足公司或组织的强相关情报。这样你就可以将已经映射到ATT&CK的敌方情报发送给安全防护团队进行防御。

如果你的网络威胁情报团队更高级，可以将更多情报映射到ATT&CK，并利用这些情报划分如何防御的优先级。例如，将内部和外部情报都映射到ATT&CK，包括事件响应数据、来自开源情报或者威胁情报订阅的报告、实时告警和组织的历史情报。

一旦映射了这些数据，你就可以开展一些实用性的工作：比较不同敌方组织和他们常用的技术。例如，在ATT&CK导航中绘制覆盖矩阵图。仅被APT3组织使用的技术被高亮成浅灰色，仅被APT29使用的技术被高亮成深灰色，同时被两个组织使用的技术被高亮成最深色，就得到了类似图3-16的技术覆盖图（这些情报仅仅基于公开可用的被映射过的情报，而且只是这些组织使用过的技术的一部分）。

图 3-16　APT3 与 APT29 的技术覆盖图

你可以将矩阵图中的敌方攻击组织和技术，替换成你关心的APT组织及其所使用的技术，参考制作指南一步一步地制作自己的矩阵视图。通过聚合这些情报，可以确定哪些技术是最常被用到的。如上能够帮助企业安全防护团队判断哪些是重要项，使得你可以对技术进行排序、向安全防护团队分享检测和强化的重点。在上面的矩阵视图中，如果APT3和APT29这两个组织同时都是公司或机构的高度威胁对象的话，如果安全防御团队已经要求其他威胁情报团队帮助他们找出防御的优先级，那企业就可以把这些情报分享给他们，作为他们着手防御的点。

如果安全防护团队已经评估了他们做的防护内容，那么你可以将这些内容叠加到你对该类威胁的了解掌握中去，更好地集中资源在那些敌方攻击组织已使用技术，但是你却检测不了的地方。

根据你现有的数据，只要你观察到的敌方使用的技术，你都可以继续添加进来，或者开发一个"技术－使用频率"的热力图。对于一个寻求如何使用ATT&CK模型用于网络威胁情报的高级团队来说，映射各种各样的信息源到ATT&CK，可以帮助你更深地理解敌方行为，从而帮助你的公司或组织划分优先级、通知安全防御团队。

3.3.2　攻击模拟

攻击模拟是一种包含红队参与的演练方式，其通过联合威胁情报来设计红队实施的手段和行为，来模拟组织的已知威胁。因此，敌手模拟与渗透测试或者其他形式红队是有一定区别的。

模拟攻击会构建一个场景来测试对手的战术、技术和步骤（TTP）的某些项目。然后，红队在目标网络上运行这些TTP，以测试防御系统如何对付模拟攻击。

由于ATT&CK模型是一个基于真实攻击行为的大型知识库，所以能够更加清晰明了地将红队攻击行为与ATT&CK模型联系起来。下面我们将介绍不同的安全团队可以如何使用ATT&CK框架进行对手模拟来帮助改进企业建设。

1. LV1

对一些要专注于防守的小公司团队来说，即使没有组建成熟完整的红队，也可以从敌手模拟中获利。因为有相当多的资源可以帮助测试公司的防御与ATT&CK框架对齐的技术。我们将重点介绍如何通过尝试简单的测试来深入攻击模拟。

Atomic Red Team是一个由Red Canary维护的开源项目，它是一个脚本集合，可以用来测试如何检测映射到ATT&CK技术的某些技术和过程。其脚本可用于测试单个技术和过程，以验证行为分析和检测功能是否如预期工作。

例如，网络共享发现（T1135）的技术详情如图3-17所示。安全团队将此信息传递给检测团队，并且根据第2章的指导编写了一个行为分析来尝试检测攻击者是否执行了此技术。但是安全团队怎么知道他们是否真的能检测到这种技术呢？

T1135 - 网络共享发现

描述

对手可能会寻找远程系统上共享的文件夹和驱动器，以确定要收集的信息源，作为Collection的前驱，并确定横向移动感兴趣的潜在系统。
网络通常包含共享的网络驱动器和文件夹，使用户能够通过网络访问各种系统上的文件目录。
Windows 网络上的文件共享通过 SMB 协议进行。（引用：Wikipedia Shared Resource）（引用：TechNet 共享文件夹）Net可用于使用
`net view \\remotesystem` 命令查询远程系统以获取可用的共享驱动器。它还可以用于查询本地系统上的共享驱动器，使用 `net share`。

原子测试

- 原子测试 #1 - 网络共享发现
- 原子测试 #2 - 网络共享发现 - linux
- 原子测试 #3 - 网络共享发现命令提示符
- 原子测试 #4 - 网络共享发现 PowerShell
- 原子测试 #5 - 查看可用的共享驱动器
- 原子测试 #6 - 与 PowerView 共享发现
- 原子测试 #7 - PowerView ShareFinder

图 3-17 网络共享发现（T1135）的技术详情

要开始测试，请选择T1135页，以查看详细信息和文档中记录的不同类型的测试。每个测试都包含关于技术是什么、支持的平台以及如何执行测试的信息。

假如看到有三个测试选项，并决定选择"原子测试#2"来使用命令提示符进行测试。然后，打开命令提示符，复制并粘贴命令，添加计算机名，执行命令。T1135的Atomic测试用例如图3-18所示。

原子测试#2 - 网络共享发现 - linux

使用smbstatus发现网络共享

支持平台 Linux

全局唯一标识符: 875805bc-9e86-4e87-be86-3a5527315cae

输入:

名称	描述	类型	默认值
package_checker	Package checking command. Debian - dpkg -s samba	String	(rpm -q samba &>/dev/null)
package_installer	Package installer command. Debian - apt install samba	String	(which yum && yum -y install epel-release samba)

攻击命令: 运行 `bash` **权限要求**(例如 root 或 admin)

```
smbstatus --shares
```

依赖项: 运行 `bash` !

说明: 设备商必须存在带有smbstatus(samba)的包

检查Prereq命令

```
if #{package_checker} > /dev/null; then exit 0; else exit 1; fi
```

获取Prereq命令:

```
sudo #{package_installer}
```

图 3-18 T1135 的 Atomic 测试用例

执行测试后，看看期望检测到的结果是否符合预期效果。例如，安全团队在SIEM平台中拥有一个行为分析工具，那么工具应该在"net view"执行时发出警报。如果该行为分析工具没有告警，通过与主机导出的日志对比，看是否缺少检测规则，而后对检测规则进行完善，提高下次行为分析工具对真实攻击的检测能力。

这些单项测试允许聚焦于单个的ATT&CK技术，有利于构建基于ATT&CK模型的大范围防御覆盖，由此你可以从单个技术的单一测试开始，扩展到其他技术。

2. LV2

对于已经拥有红队的企业来说，你可以将红队技术映射到ATT&CK框架中，为编写攻击模拟报告与方案讨论时提供一个通用型可移植框架，有利于不断提高企业的红队安全能力建设。

例如，映射技术时，可以在ATT&CK网站上搜索使用的命令。如果企业在红队模拟攻击过程中使用了"whoami"命令，那么我们可以在ATT&CK网站上搜索它，并发现可能会应用两种技术：系统所有者/用户发现（T1033）和命令行界面（T1059）。图3-19为用"whoami"技术检索到的结果。

whoami   ✕

Command and Scripting Interpreter: Windows Command Shell, Sub-technique T1059.003 - Enterprise

... to execute payloads.[13][14][15][16] G0016 APT29 APT29 used cmd.exe to execute commands on remote machines.[17][18] G0022 APT3 An APT3 downloader uses the Windows command "cmd.exe" /C whoami. The group also uses a tool to execute commands on remote computers.[19][20] G0050 APT32 APT32 has used cmd.exe for execution.[21] G0067 APT37 APT37 has used the command-line interface.[22]...

图 3-19　搜索"whoami"技术的检索结果

如果红队使用Cobalt Strike或Empire这类工具，我们可以将其映射到ATT&CK框架，并且将其所尝试的攻击手法和真正针对企业的威胁做重叠性分析，可以进一步加深企业理解防御系统与真正攻击对手之间的差距。

由于ATT&CK的所有内容都是结构化的，企业可以使用ATT&CK导航仪来比较现有工具（如Cobalt Strike）和OilRig基于开源报告的技术。（企业可以查看导航器的演示，它演示了如何做到这一点）。在Cobalt Strike与OilRig的技术覆盖图中，Cobalt Strike技术是浅灰色的，OilRig技术是深灰色的，两种技术都能执行为最深色，即可产生如图3-20所示的CS与OilRig的技术覆盖图。

Initial Access	Execution	Persistence	Privilege Escalation	Defense Evasion	Credential Access	Discovery	Lateral Movement	Collection	Command and Control	Exfiltration	Impact
Drive-by Compromise	Command and Scripting Interpreter	Account Manipulation	Abuse Elevation Control Mechanism	Abuse Elevation Control Mechanism	Adversary-in-the-Middle	Account Discovery	Exploitation of Remote Services	Adversary-in-the-Middle	Application Layer Protocol	Automated Exfiltration	Account Access Removal
Exploit Public-Facing Application	Exploitation for Client Execution	BITS Jobs	Access Token Manipulation	Access Token Manipulation	Brute Force	Application Window Discovery	Internal Spearphishing	Archive Collected Data	Communication Through Removable Media	Data Transfer Size Limits	Data Destruction
External Remote Services	Inter-Process Communication	Boot or Logon Autostart Execution	BITS Jobs	BITS Jobs	Credentials from Password Stores	Browser Bookmark Discovery	Lateral Tool Transfer	Audio Capture	Data Encoding	Exfiltration Over Alternative Protocol	Data Encrypted for Impact
Hardware Additions	Native API	Boot or Logon Initialization Scripts	Boot or Logon Autostart Execution	Deobfuscate/Decode Files or Information	Exploitation for Credential Access	Domain Trust Discovery	Remote Service Session Hijacking	Automated Collection	Data Obfuscation	Exfiltration Over C2 Channel	Data Manipulation
Phishing	Scheduled Task/Job	Browser Extensions	Boot or Logon Initialization Scripts	Direct Volume Access	Forced Authentication	File and Directory Discovery	Remote Services	Browser Session Hijacking	Dynamic Resolution	Exfiltration Over Other Network Medium	Defacement
Replication Through Removable Media	Shared Modules	Compromise Client Software Binary	Create or Modify System Process	Domain Policy Modification	Forge Web Credentials	Group Policy Discovery	Replication Through Removable Media	Clipboard Data	Encrypted Channel	Exfiltration Over Physical Medium	Disk Wipe
Supply Chain Compromise	Software Deployment Tools	Create Account	Domain Policy Modification	Execution Guardrails	Input Capture	Network Service Scanning	Software Deployment Tools	Data from Information Repositories	Fallback Channels	Exfiltration Over Web Service	Endpoint Denial of Service
Trusted Relationship	System Services	Create or Modify System Process	Escape to Host	Exploitation for Defense Evasion	Modify Authentication Process	Network Share Discovery	Taint Shared Content	Data from Local System	Ingress Tool Transfer	Scheduled Transfer	Firmware Corruption
Valid Accounts	User Execution	Event Triggered Execution	Event Triggered Execution	File and Directory Permissions Modification	Network Sniffing	Network Sniffing	Use Alternate Authentication Material	Data from Network Shared Drive	Multi-Stage Channels		Inhibit System Recovery
	Windows Management Instrumentation	External Remote Services	Exploitation for Privilege Escalation	Hide Artifacts	OS Credential Dumping	Password Policy Discovery		Data from Removable Media	Non-Application Layer Protocol		Network Denial of Service
		Hijack Execution Flow	Hijack Execution Flow	Hijack Execution Flow	Steal or Forge Kerberos Tickets	Peripheral Device Discovery		Data Staged	Non-Standard Port		Resource Hijacking
		Modify Authentication Process	Process Injection	Impair Defenses	Steal Web Session Cookie	Permission Groups Discovery		Email Collection	Protocol Tunneling		Service Stop
		Office Application Startup	Scheduled Task/Job	Indicator Removal on Host	Two-Factor Authentication Interception	Process Discovery		Input Capture	Proxy		System Shutdown/Reboot
		Pre-OS Boot	Valid Accounts	Indirect Command Execution	Unsecured Credentials	Query Registry		Screen Capture	Remote Access Software		
		Scheduled Task/Job		Masquerading		Remote System Discovery		Video Capture	Traffic Signaling		
		Server Software Component		Modify Authentication Process		Software Discovery			Web Service		
		Traffic Signaling		Modify Registry		System Information Discovery					
		Valid Accounts		Obfuscated Files or Information		System Location Discovery					
				Pre-OS Boot		System Network Configuration Discovery					
				Process Injection		System Network Connections Discovery					
				Reflective Code Loading		System Owner/User Discovery					
				Rogue Domain Controller		System Service Discovery					
				Rootkit		System Time Discovery					
				Signed Binary Proxy Execution		Virtualization/Sandbox Evasion					
				Signed Script Proxy Execution							
				Subvert Trust Controls							
				Template Injection							
				Traffic Signaling							
				Trusted Developer Utilities Proxy Execution							
				Use Alternate Authentication Material							
				Valid Accounts							
				Virtualization/Sandbox Evasion							
				XSL Script Processing							

图 3-20　CS 与 OilRig 的技术覆盖图

除了识别出Cobalt Strike和OilRig之间的重叠部分，分析还可以得出，在哪些地方可以改变企业红队的行为，而不仅仅局限于他们通常采用的程序层面。

很多时候，一项技术可能是攻击者使用的工具以特定的方式实现的，但是红队队员不知道攻击者究竟是如何实现的。有了这些知识，就可以帮助红队在不同的测试之间使用不同的攻击手法，从而更好地覆盖对抗模拟过程中的一部分威胁。

执行敌手仿真计划后，映射到ATT&CK的方式有利于红蓝队之间进行更加流畅的沟通。如果蓝队将分析、检测和响应映射回ATT&CK，那么红蓝队伍则可以轻松地用一种通用语言互相交流。

3. LV3

对于可能正在进行红、蓝队映射ATT&CK的LV3级别组织机构，可以考虑与企业CTI团队协作，通过利用自己搜集到的数据，来设计与调整针对特殊攻击者的对抗模拟计划。

我们推荐以下流程来创建一个对抗模拟计划、执行操作并推动防御改进。

（1）搜集威胁情报——与企业内部CTI团队合作，根据企业面临的威胁，选择一个已知攻击者的行为，结合企业已知的信息与公开的情报，来记录攻击者的行为，分析攻击者的行动。

（2）提取技术——将情报映射到与ATT&CK框架中相关的特定技术。

（3）分析和组织——现在有了一堆关于攻击者以及他们如何运作的情报，用一些流程图标记他们的行为。例如，MITRE团队为APT3对抗模拟计划创建的操作流程，如图3-21所示。

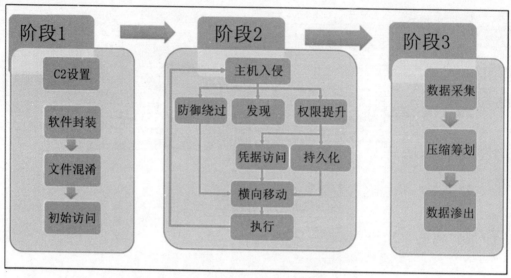

图 3-21　APT3 对抗模拟计划操作流程

（1）开发工具和过程——既然已知真实攻击者的攻击手法，那就弄清攻击者如何实现行为的，并促使红队开发出相应的工具以用于测试。需要分析以下三个问题。

- 威胁组织如何使用这种技术？
- 不同的技术的使用是否基于环境上下文？
- 什么工具可以套用这些 TTP？

（2）模拟攻击者——有了合适的计划，红队能够执行模拟对抗，并且与蓝队紧密合作，深入了解蓝队的可见度的差距在哪里，以及差异存在的原因。同时，红蓝双方都可以与CTI团队合作，确定下一个威胁，重复这个过程，继而创建一个连续的活动，测试对真实攻击行为的防御水平。

3.3.3　评估与改善

ATT&CK评估是需要循序渐进的重大工程，其目的主要是为安全工程师和安全架构师提供有用的数据，证明基于威胁情报的安全改进是有意义的。

评估改进的流程可参考图3-22。

图 3-22　评估改进的过程

（1）评估企业防御手段如何对抗ATT&CK框架中的攻击手段和攻击者。

（2）找到当前优先级最高的防御方向。

（3）修改防御手段或者获取新的防御技术来解决这些差距。

评估和工程的级别是需要逐步累积起来的，并且相互构建。即使你认为你的安全建设足够完善，我们仍然鼓励你从1级开始，逐步使自己的企业具备一个更健全的评估水准。

1. LV1

对于LV1的小公司团队来说，在缺乏资源的情况下不要立刻做一个全面的评估。相反，应该从小处着手，选择一个要关注的技术，确定该技术的覆盖范围，然后进行检测。

确认技术覆盖率的一个好方法是寻找已经涵盖某项技术的分析。即使很费时间，但是值得一试。目前许多SOCs已经有了可以映射到ATT&CK模型的规则和分析，通常，你只需要从ATT&CK网站或外部来源获得并引入有关该技术的其他信息即可。

例如，假设你正在查看远程桌面协议（T1076），你收到以下警报：

（1）端口22上的所有网络流量。

（2）所有由AcroRd32.exe产生的进程。

（3）任何名为tscon.exe的进程。

（4）所有内部通过端口3389的网络流量。

查看有关于远程桌面协议（T1076）的ATT&CK技术页面，你可以很快看到规则#3与"检测"标题下指定的内容相匹配。Web显示的搜索结果，由规则#4指定的端口3389也符合该技术。

如果企业的分析已经掌握了这项技术，证明企业搜集已经覆盖了T1076技术，记录了该技术的覆盖范围，然后就可以选择一个新的测试来重新开启该过程。如果没有覆盖到，可以查看技术的ATT&CK页面上列出的数据源，并确定你是否已经获取了正确的数据来构建新的分析。如果没有正确数据，就重新构建数据。如果数据不正确，查看下ATT&CK页面上列出的数据源类别，评估搜集每个数据源的难度和使用它们的效率，然后选择某项数据源作为起点，再次尝试搜集数据。

2. LV2

当企业熟悉了评估过程，并且能够访问到更多的资源后，可能会希望扩展分析以至整个ATT&CK框架。并且使用更高级的覆盖方案来考虑检测的真实度。在这基础之上，建议你对SOC中的工具或分析工具设置等级，将发出警告的低、中或高可信度的技术做一个分类，并且根据自身检测攻击的情况适当对中低告警进行过滤。图3-23为不同等级的技术检测覆盖图。

图 3-23　不同等级的技术检测覆盖图

扩展的范围使得分析稍微复杂了一点：现在每个分析都可能映射到许多不同的技术，而不是以前的一种技术。另外，如果你找到了一个覆盖特定技术的分析，而不是仅仅标记该技术被覆盖，那么你还需要梳理出该分析的覆盖真实度。

对于每个分析，建议找到它输入的内容，看看它是如何映射回ATT&CK框架的。例如，一个针对特定Windows事件的分析，要确定该分析的覆盖率，你可以在Windows ATT&CK日志备忘单或类似的存储库中查找事件ID。你也可以使用ATT&CK网站来分析。图3-24显示了一个搜索检测端口22的示例，其出现在常用的端口ATT&CK技术中。

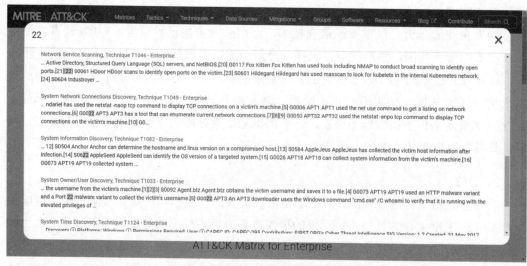

图 3-24　搜索检测端口"22"的示例

另一个需要考虑的重要方面是随技术一起列出的组合软件示例。这些描述了攻击者曾经使用过的程序或特殊手法。攻击者使用的技术通常代表了一类技术的变体，这种变体可能被现有的分析方法所覆盖，也可能不被现有的分析方法所覆盖。它们应该被作为一种置信评估的因素，来评估你的组织机构对该类技术的覆盖程度。

3. LV3

对于拥有高级安全团队的组织来说，加强评估的一个好方法就是加入缓解措施。这将有助于把你的评估从单纯地仅关注安全设备、分析报告以及检测到的告警等信息，转移到关注你的SOC（安全运营中心）建设上来。

评估缓解技术的最好方法是检查SOC策略、预防工具和安全策略，然后将它们映射到可能影响到的ATT&CK技术，然后将这些技术添加到企业的热力图中。MITRE最近对各种缓解措施进行了重组，可以允许企业查看每个缓解措施并查看其映射到的技术。

一些采用缓解技术的例子包括：

（1）可以使用账户锁定策略减缓暴力破解动作。

（2）在Windows10系统上部署凭据保护更难以执行凭证转储。

（3）强化本地管理员账户以防止Windows管理共享。

（4）利用微软EMET的缓解技术措施可以让RunDLL32执行更加困难，如图3-25所示。

ID	减轻	描述
M1050	漏洞利用保护	Microsoft 的增强缓解体验工具包 (EMET) 攻击面减少 (ASR) 功能可用于阻止使用 rundll32.exe 绕过应用程序控制的方法。

图 3-25　基于 EMET 的缓解技术措施

3.3.4　检测与分析

构建分析来检测ATT&CK技术可能不同于你过去进行检测的方式。基于ATT&CK的分析并不是识别已知的恶意行为并阻止它们，而是搜集关于系统上发生的事情的日志和事件数据，并使用这些数据来识别是否为ATT&CK中描述的可疑行为。

1. LV1

创建和使用ATT&CK分析的第一步是了解你拥有哪些数据和搜索功能。毕竟，要找到可疑的攻击行为，首先需要能够看到系统上发生了什么。一种方法就是查看每个ATT&CK技术列出的数据源。这些数据源描述了给定技术的数据类型，提供了一个识别搜集哪种信息类型的良好起点。图3-26为系统信息发现（System Information Discovery）的事件源。

系统信息发现

命令:命令执行

Invoking a computer program directive to perform a specific task (ex: Windows EID 4688 of cmd.exe showing command-line parameters, ~/.bash_history, or ~/.zsh_history)

图 3-26　系统信息发现的事件源

通过查看数据源并获取大量不同的技术后，有以下几个数据源在检测大量技术方面很有价值：

（1）进程和进程命令行的监控，通常是由Sysmon，Windows事件日志和EDR等平台所搜集。

（2）文件和注册表监控，通常也是由Sysmon，Windows事件日志和EDR等平台所搜集。

（3）身份认证日志，如通过域控制器搜集Windows事件日志。

（4）数据包捕获，尤其是动作捕捉等，通常是由Zeek一类的探针来搜集。

当你搜集到大量相关数据之后，建议直接将数据导入类似SIEM类的管理平台中，然后对企业的数据进行细致的分析。

一旦SIEM中有了数据，就可以尝试开始进行分析了。你可以从查看其他人创建的分析开始着手，并根据企业的数据运行它们。在下面的参考资料中列出了CAR-2016-03-002入门分析存储库，图3-27即为攻击者可能会利用WMI（Windows Management Instrumentation）远程执行命令进行横向移动的一种常见对抗技术。

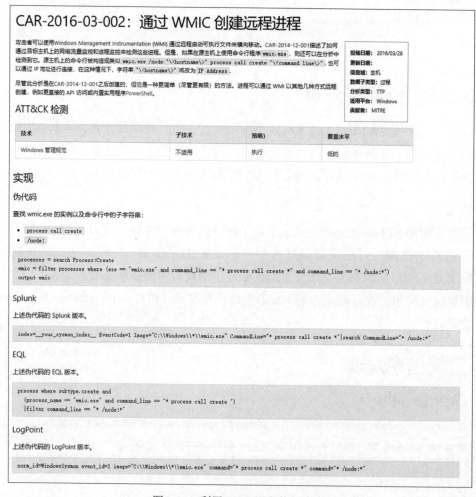

图 3-27　利用 WMI 远程执行命令

在CAR的每一个项目底部都有对应的伪代码，只需要为SIEM将这些为伪代码转换为代码就可以获得结果，如果不习惯翻译伪代码，也可以使用一个名为Sigma的开源工具及其规则库来翻译而达到目标。

在完成上述基本分析和返回结构后，还需要过滤那些误报，虽然做不到零误报但也需要尽可能精准，后期才能更好地发现恶意行为。在一个相对较低误报的环境下，后期一旦触发告警就在SOC中创建一个工单（Ticket）或者将其添加到分析库用于手动威胁捕获。

2. LV2

一旦安全团队有安全运营后编写的分析，就可以开始通过编写自己的分析来扩大覆盖范围。这是一个十分复杂的过程，需要理解攻击如何工作以及如何在数据中反映它们。首先来看ATT&CK的技术描述和例子中链接的网络威胁报告。

例如，假设没有针对Regsvr32的检测方法。虽然ATT&CK页面列出了Regsvr32使用方式的几个不同变体，但是通过一份分析报告来涵盖所有的问题显然不切实际，尽量不要避免浪费时间专注于其中一个方面来检验。

即使知道攻击者是如何进行攻击的，安全人员也需要复现整个攻击过程，才能知道检测时去看哪些日志。一旦了解了攻击者如何使用该技术，企业就应该自己运行该技术来产生日志进行分析检测。一个简单的方法是使用Atomic Red Team，它提供了与ATT&CK一致的红队内容，可以用来测试分析。例如，你可以找到针对Regsvr32的攻击列表，例如，著名的Squiblydoo攻击。武器定制化示意图如图3-28所示。

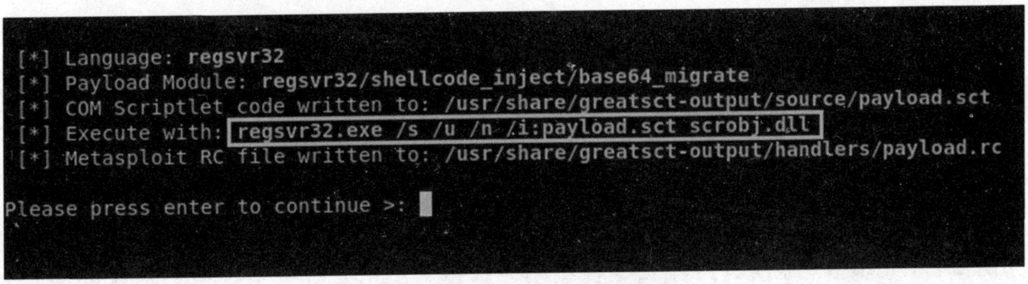

```
[*] Language: regsvr32
[*] Payload Module: regsvr32/shellcode_inject/base64_migrate
[*] COM Scriptlet code written to: /usr/share/greatsct-output/source/payload.sct
[*] Execute with: regsvr32.exe /s /u /n /i:payload.sct scrobj.dll
[*] Metasploit RC file written to: /usr/share/greatsct-output/handlers/payload.rc

Please press enter to continue >:
```

图 3-28　武器定制化示意图

运行攻击后，查看SIEM内部，看看生成了哪些日志数据。在这个阶段，你可以总结这类恶意行为的特征，并根据行为特征编写搜索规则来检测行为恶意性，确保后续工作中能够检测到类似恶意行为，然后重复以减少其他类型的误报。SIEM优化误报流程示意图，如图3-29所示。

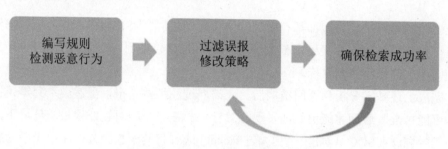

图 3-29　SIEM 优化误报流程示意图

3. LV3

在真实世界中，攻击者并不是完全按照ATT&CK框架中的攻击手法来的，他们会灵活变通并不断地尝试绕过安全团队的检测分析策略。预防绕过的最好手段是直接与红队合作。企业的蓝队将负责创建分析，红队则负责对抗模拟，根据真实技术和威胁情报来执行攻击和绕过。例如，企业已经有一些针对凭据获取的检测防范（分析程序来在命令行上检测mimikat.exe，或者通过Powershell来检测mimikatz）。这时紫队可以把分析结果提交给红队，观察红队如何根据实际防御进行尝试绕过。如果检测被绕过，你就需要及时更新你的检测策略。

当然，随着时间的推移，企业安全团队会想要扩大重点关注的事件范围。这时可以参考第1章关于威胁行动者的优先排序，使用一些供应商发布的资源，根据技术的流行程度，再根据的监控能力来进行优先排序，或者最好是根据自己内部系统产生的事件，对活动进行分析。最后你也可以尝试开发出一套更全面的探测系统，由此探测出更多攻击者对企业的攻击事件。

3.4　模拟演练管理

当前的企业网络比以往任何时候都更加完善，企业部署有防火墙（WAF）、入侵检测/防御（IDS/IPS）系统、终端安全检测响应设备（EDR）等安全设备。企业可以使用内部团队或者利用外部资源来发挥防御和进攻的能力，但如果没有组织开展定期的紫色模拟演练，企业将无法真正评估企业的防御与威胁之间的差距，以及预测与防守APT组织的攻击行为。

如果基于ATT&CK框架，企业可以通过在企业的测试环境中部署靶机和模拟演练平台等场景，简单地模拟攻击TTP或者模拟攻击组织APT，检测系统中潜在的薄弱点与暴露面，再建立红蓝团队之间清晰且持续的沟通渠道，提高企业ATT&CK覆盖率，将每个功能（准备、预防、检测、响应和恢复）都建立在原先的基础上，并与系统中消除风险，从而最大限度地提高内部与外部的安全运营能力，模拟演练整体架构如图3-30所示。

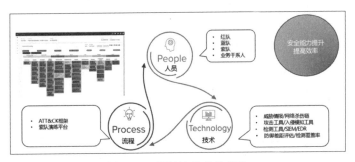

图 3-30　模拟演练整体架构

3.4.1　最佳人员实践

对于企业来说，红队与蓝队需要一个可以进行双方的有效沟通与鼓励协作式跟进的管理与领导。但如今许多长期进行对手模拟与攻防演练的红队运作过于独立，大部分蓝队则仅在企业想要测试整个事件响应过程时给出措施与方案。因此，从紫色团队的角度来看，整个运作闭环是存在缺陷的。假设一个红队活动持续两个月，但实际上整个时间是相当短的。如果你认为他们必须了解与研究特定的攻击目标，创建与修改定制化武器，制定攻击计划，获得任何必要的批准，实际上进行攻防演练后，每家红队和蓝色队的接触时间极少。对于任何持续的改进来说，这个周期都太漫长了。

对于紫队来说，模拟演练的结果必须随着时间的推移，才可以凸显出可量化的防御改进，进而在短迭代中得到突破与反馈。所以紫队将采取鼓励促进的方式，将红队与蓝队从冲突的处境中调节成为互相协作的工作方式，给双方带来更多的动力。一些例子包括：

- 基于检测测试项，成功模拟真实攻击的威胁数量。
- 映射到 MITRE ATT&CK 框架的攻击和检测数量，或增加特定 TTP 的覆盖范围。
- 形成大量新的高可信、低误报分析。
- 了解已知威胁和模拟威胁之间的差距，以及你的组织检测它们的能力。

为确保模拟演练效果的持续性及有效性，紫队攻防演练组织架构通常如图3-31所示。

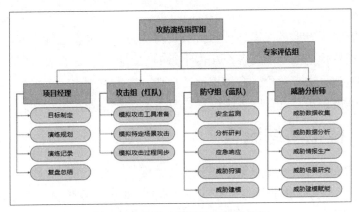

图 3-31　紫队攻防演练组织架构图

项目经理

在攻防演练前按照演练目标和需求定制详细的项目实施计划，演练期间详细记录攻防过程，促进红队和蓝队的协作，在演练结束后，组织红队和蓝队进行复盘，最后根据演练的结果以及专家建议促进改善企业安全防御体系。

威胁分析师

威胁情报使企业能够及时预测变化并采取有效的行动。威胁分析师专注于数据搜集和分析，以便更好地了解组织面临的威胁。在攻防演练中，威胁分析师通过提取对手的攻击行为，包括战术、技术和过程（简称TTP），以及攻击工具来创建不同类型的威胁场景，再将其映射到ATT&CK或其他攻击量化框架。

攻击组（红队）

红队在模拟演练前需要在测试环境中部署靶机和模拟演练平台，准备模拟场景所需要的工具等。演练中"攻击者"模拟特定的威胁场景，如勒索软件、活动目录、APT组织等针对性的威胁，并将整个威胁过程同步至平台，形成量化评估结果，如检测覆盖率、事件源质量等。

防守组（蓝队）

由各个防护单位运维技术人员和安全运营人员组成，负责监测演习目标，发现攻击行为，遏制攻击行为，进行响应处置。其中主要有：

蓝队（应急响应）：应急响应团队需要在攻防演练前准备应急响应预案，在演练期间按应急响应制度和流程处置攻击事件，并在演练结束后持续优化应急响应体系。

蓝队（安全检测）：针对红队发起的实质攻击或模拟攻击进行检测与分析，持续开发检测规则并减少误报的情况，并联动应急响应，提升平均检测时间（MTTD）与平均响应时间（MTTR）。

蓝队（威胁狩猎人）：如果组织有威胁狩猎团队，他们需要在演练前分享威胁狩猎剧本，确保使用理想的TTP，同时保持威胁狩猎剧本的更新，以及创建自动化狩猎程序。

专家评估组

由模拟演练组织方形成专家评估组，负责对演习整体方案进行研究，在演习过程中对攻击效果进行总体把控，巡查各个攻击小组的攻击状态，监督攻击行为是否符合演习规则，并对攻击效果进行评价。在模拟演练后期，专家评估组对攻击与防守的成果进行评估，在演练结束以后与红蓝队伍一起进行复盘来优化企业防御体系。

3.4.2 模拟演练流程

模拟演练的成功与否，组织策划环节非常关键。在整个演习阶段，我方将模拟演习按照阶段内容进行分解。按照演习工作的先后顺序，将整个攻防演习过程分为现状分析、威胁映射、紫队基线、评估实施、影响分析、报告交付七个阶段。为确保演练的闭环运作，演练流程通常如下。

现状分析

在模拟演练项目开展前，紫队专家将对企业的目标网络架构、安全体系以及安全域分布等信息进行数据采集与综合分析，以明确攻击模拟的威胁场景。为了更好地解决组织机构面临的威胁，紫队专家会利用对企业的数据搜集情况与提取的攻击行为来分析检测差距，根据以往的威胁狩猎、应急响应经验，在企业协商下创建不同类型的针对性威胁场景，协同企业一起完成安全建设。

威胁映射

确定模拟演练的威胁场景后，威胁分析师将提取该类型场景下的高频攻击行为，依照项目实施计划表，结合客户现场沟通，确认基于MITRE ATT&CK攻击量化框架的测试项、蓝队防御体系的安全设备类型与紫队报告平台等，核对模拟攻击的每一项技术，并将每一项攻击技术映射到ATT&CK，从而完成威胁映射。

紫队将为红蓝双方提供具体明确的行动指导，使用TTP来衡量安全体系应对攻击的纵深防御、检测响应能力，协助企业在模拟演练中持续改进提升。目前ATT&CK框架覆盖评估项有14类战术，子项覆盖有242个测试项。TTP测试项覆盖示意图如图3-32所示。

| | 战术 | | | | 评估项 | | |
ID	类型	评估项(不含细项)		ID	评估子项	ID	评估子项
TA0009	Collection	(17项)T1560、T1123,		T1190	Exploit Public-Facing Application	T1003.003	NTDS
TA0011	Command and Control	(16项)T1071、T1092,		T1566	Phishing	T1003.006	DCSync
TA0006	Credential Access	(15项)T1110、T1555,		T1091	Replication Through Removable Media	T1003.007	Proc Filesystem
TA0005	Defense Evasion	(39项)T1548、T1134,		T1195	Supply Chain Compromise	T1003.008	/etc/passwd and /etc/shadow
TA0007	Discovery	(27项)T1087、T1010,		T1078	Valid Accounts	T1003.005	Cached Domain Credentials
TA0002	Execution	(12项)T1059、T1609,		T1059	Command and Scripting Interpreter	T1003.004	LSA Secrets
TA0010	Exfiltration	(9项)T1020、T1050,		T1059.001	PowerShell	T1528	Steal Application Access Token
TA0040	Impact	(13项)T1531、T1485,		T1059.002	AppleScript	T1558	Steal or Forge Kerberos Tickets
TA0001	Initial Access	(9项)T1189、T1190,		T1059.003	Windows Command Shell	T1558.001	Golden Ticket
TA0008	Lateral Movement	(9项)T1210、T1534,		T1059.004	Unix Shell	T1558.002	Silver Ticket
TA0004	Privilege Escalation	(13项)T1098、T1197,		T1059.005	Visual Basic	T1558.003	Kerberoasting
TA0003	Persistence	(19项)T1098、T1197,		T1059.006	Python	T1558.004	AS-REP Roasting
TA0043	Reconnaissance	(10项)T1595、T1592,		T1059.007	JavaScript	T1539	Steal Web Session Cookie
TA0042	Resource Development	(7项)T1583、T1586,		T1059.008	Network Device CLI	T1552	Unsecured Credentials
				T1203	Exploitation for Client Execution	T1552.001	Credentials In Files
				T1559	Inter-Process Communication	T1552.002	Credentials in Registry
				T1559.001	Component Object Model	T1552.003	Bash History
				T1559.002	Dynamic Data Exchange	T1552.004	Private Keys
				T1106	Native API	T1552.005	Cloud Instance Metadata API
				T1053	Scheduled Task/Job	T1552.006	Group Policy Preferences
				T1053.002	At (Windows)	T1552.007	Container API
				T1053.003	Scheduled Task	T1087	Account Discovery
				T1053.001	At (Linux)	T1087.001	Local Account
				T1053.005	Launchd	T1087.002	Domain Account
				T1053.003	Cron	T1087.003	Email Account

图 3-32　TTP 测试项覆盖示意图

例如，针对企业较为敏感的互联网暴露面，评估人员能够依据威胁映射模型，选择水坑攻击、公开漏洞、合法账户、邮件附件攻击、远程接入服务，以及供应链等多种攻击方式进行评估，测试每种攻击技术的预防、监测和处置能力。主要测试的安全产品包括但不限于WAF、WebIDS、邮件安全网关、蜜罐、NTA等。对于企业内网的主机侧，常见的攻击策略为执行攻击、权限维持、权限提升，评估人员针对这一侧的攻击手法进行评估，主要测试的安全产品包括但不限于HIDS、EDR、AV等。

紫队基线

根据项目实施计划，紫队评估组将部署紫队测试平台与相关工具，例如，VECTR、

Atomic Purple Team、Sigma与CSO等框架。这里采用VECTR作为紫队测试平台，平台界面如图3-33所示。

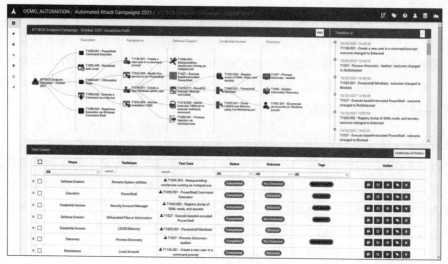

图3-33　VECTR 平台界面图

攻击组负责部署攻击模拟训练靶机、测试工具和相关附件等，Atomic Red Team测试用例示意图如图3-34所示。

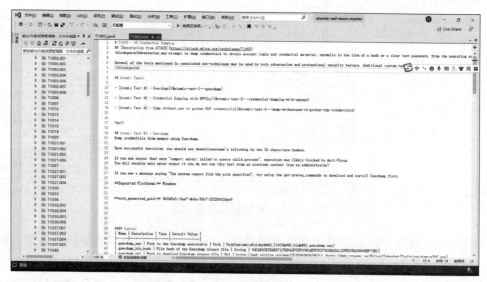

图3-34　Atomic Red Team 测试用例示意图

评估实施

在风险可控的前提下，红队会针对特定目标范围执行每一项模拟攻击测试用例，进行穿透式测试和加固效果检验。对特定目标范围授权的互联网应用系统目标系统进行深入的探测与信息发掘，以发现IT系统中最脆弱的环节和可能被利用的入侵点，并明确当前IT系统中可能存在的严重问题，实时地将攻击进度同步到紫队平台，必要情况下可能获得目标系统最高权限并进行相关说明，并避免导致目标系统的不正常行为及影响正常的应用。

在实施过程中，红队（攻击方）可能会根据实际情况调整具体的攻防训练场景策略，例如，添加修改测试项，制作定制化武器，使用TTP的变形等。图3-35为红队使用的部分模拟攻击手法。

工具包分类	工具名称	详细工具
hash攻防	domain_hash.rar	
	DSInternals_v2.8.zip	
	Get-PassHashes.ps1	
	getpass.zip	
	gpp_exploit.zip	
	Invoke-MimikatzWDigestDowngrade.ps1	
	mimikatz2.0_trunk.rar	
	ntdsdump.zip	
	Procdump.zip	
	QuarksPwDump 修改版 NTDS.dit提取.rar	
	smbexec_域渗透工具.zip	
	vshadow-versions.zip	
	vssown.vbs	
powershell	信息收集	Invoke-ProcessScan-master.zip
	后渗透ps脚本	Powershell-Attack-Guide-master.zip
	日志清除	Invoke-PhantOm-master.zip
	红队辅助脚本	RedTeamPowershellScripts
信息收集	3389-connected-password-netpass_v1.50.zip	
	bannerscan.py	
	fenghuangscanner_v3-master.zip	
	linux_portscan_InsightScan-master.zip	
	win_portscan_FScan.zip	
	Winpcap_Install-master.zip	
反向代理	xsocks-master.zip	
	反向icmpsh-master.zip	
暴力破解	thc-hydra-windows-master.zip	
框架工具	cobalt strike	
	core impact	
	metasploit	
	powershell empire	

图 3-35　红队使用的部分模拟攻击手法

与此同时，紫队评估团队将向你介绍黑客攻击技术思维，结合紫队工具平台的方式为你进行全面的红队、蓝队视角评估，并根据评估结果提供防御优化、加固建议，提升反入侵能力。目前涵盖以下14类战术。

Collection（搜集类战术）。

Command and Control（命令控制类战术）。

Credential Access（凭证获取类战术）。

Defense Evasion（防御规避类战术）。

Discovery（基础信息搜集类战术）。

Execution（执行类战术）。

Exfiltration（信息窃取类战术）。

Impact（破坏类战术）。

Initial Access（入口点类战术）。

Lateral Movement（横向移动类战术）。

Persistence（持久化类战术）。

Privilege Escalation（权限提升类战术）。

Reconnaissance（侦查类战术）。

Resource Development（资源开发类战术）。

图3-36为VECTR同步的测试项。

图 3-36　VECTR 同步的测试项

影响分析

蓝队使用企业防御部署的威胁检测类工具或平台，实时监测网络攻击，对每一种攻击技术进行分析，同时持续地对威胁检测规则进行修订和完善，优化应急响应流程与提升企业威胁检测能力。威胁检测规则优化示意图如图3-37所示。

规则名称	规则内容	规则描述	规则说明
凭证窃取-Mimikatz获取明文凭据	(event_id = '4663' OR event_id = '4656') AND 对象类型 = 'Process' AND 对象名 = '*\\lsass.exe' AND 账户名 = '*$'	检测Mimikatz通过S	事件ID 4656：已请
凭证窃取-Mimikatz命令行参数	event_id = '4688' AND Process Command Line in ('*DumpCreds*,*invoke-mimikatz*','*rpc*,*token*,*crypto*,*dpapi*,*sekurlsa*,*kerberos*,*lsadump* *privilege*,process*')	检测mimikatz命令行	事件ID 4688：已创
凭证窃取-常见凭证窃取工具	event_id = '7045' AND 服务名称 contains ('fgexec' 'cachedump' '*mimikatz**'mimidrv*' 'WCESERVICE' '*pwdump*') OR ImagePath/服务文件名 contains ('*fgexec*' '*dumpsvc*' '*mimidrv*' '*cachedum' '*servpw*' '*gsecdump*' '*pwdump*')	检测常见凭证窃取工	事件ID 7045：服务
凭证窃取-域控NTDS.dit	规则1: event_id = '5145' AND 相对目标名称 contains ('*lsass*','*\\windows\\minidump*','*\\sam*','*\\ntds.dit*','*\\security*',*.hiberfil*,*sqldmpr*','*.hiberfil*',*sqldmpr*,'*\\sam*','*\\ntds.dit*','*\\security*') 规则2: event_id = '4688' AND process_name like '*\\ntdsutil.exe*' AND Process Command Line contains (*ntds*,*create*,*full*)	检测获取活动目录数	事件ID 4688：已创
凭证窃取-任务管理器右键转储进程	4663（需要配置文件审计和SACL） 1. 高级审核策略配置 > 对象访问 > 审核文件系统 2. 刷新组策略, gpupdate /force 3. 配置SACL (C:\Users\XXX\AppData\Local\Temp) 规则： 　事件ID: 4663 　ObjectName/对象名 C:\Users\XXX\AppData\Local\Temp\lsass.DMP 　ProcessName/进程名 C:\Windows\System32\Taskmgr.exe		
凭证窃取-DCSync	event_id = '4662' AND 访问掩码 = '0x100' AND Properties in (*1131f6aa*\-9c07\-11d1\-f79f\-00c04fc2dcd2* OR *1131f6ad*-9c07\-11d1-f79f\-00c04fc2dcd2* OR *89e95b76\-444d\-4c62\-991a\-0facbeda640c*)) AND 账户名 != '*$'	检测DCSync(非计算	需要配置"高级审核

图 3-37　威胁检测规则优化示意图

演练结束后，紫队评估团队会向你介绍应急响应经验和防御思维，红队将对演练过程进行较为全面地总结，分析从中取得的经验和企业安全防护存在的不足，形成专报上报给领导小组。紫队评估团队将依托于演练平台与红队反馈对攻击行为、攻击手段、攻击次数等进行统计分析；同时协助企业对防守情况进行总结，完善企业网络安全监测措施、应急响应机制及预案，提升网络安全防护水平。

针对演练期间发现的安全漏洞及安全弱点，紫队会协助企业相关部门针对安全漏洞进行安全加固整改，无法整改的漏洞确认危害级别，根据危害级别进一步确认处理措施。图3-38为企业安全建设的一些主要关注点。

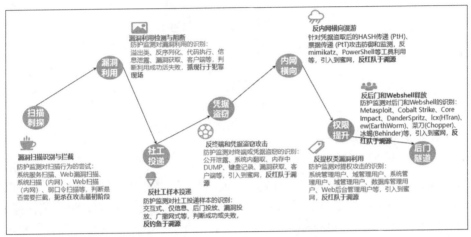

图 3-38　企业安全建设的一些主要关注点

报告交付

根据紫队专家的评估结果，项目经理负责输出评估报告，梳理测试内容影响和分析，提供针对性防御策略优化建议，以及相关的具体策略优化。

3.4.3　红蓝技术与紫队平台

自动化平台在模拟演练中具有十分重要的地位，平台的使用可以使得企业的红队、蓝队与紫队更加高效且自由地选择专注于他们认为首要的任务上，并且在没有必要人力投入的情况下，能够快速地完成部分测试项，节约企业成本与缩短部署模拟演练场景的时间，以更全面、更准确地找到企业安全防护的薄弱点。

3.4.3.1　红队使用项目

无论是ATT&CK框架还是杀伤链模型，都是以宏观的角度阐述了攻击者入侵方面的知识，红队可以集成框架中的技术，实现自动化攻击。ART（Atomic Red Team）是一个小型并且便捷的测试框架，如图3-39所示。与MITRE ATT&CK Framework相对应。每种测试用例都对应一种特定的攻击策略，通过这种方式，锻炼蓝队能够更快地测试企业所使用的防御方案以及应对各种形式的攻击。

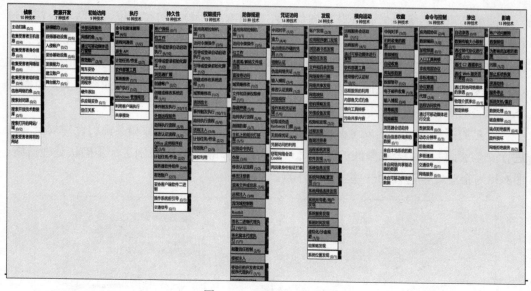

图 3-39　ART 测试框架

ART框架使用步骤如图3-45所示。

（1）执行测试用例。首先搭建好相关环境，选择相关测试用例与形式，然后根据每个用例的技术详情与相关脚本执行测试。比如，可以在一个批处理文件中一次性执行所有的探测（Discovery）分支，也可以逐一运行每个分支，在运行中随时验证测试覆盖率。

（2）搜集数据。确保企业所使用的事件搜集及EDR（端点检测及响应）等解决方案已准备就绪，且端点已登录并处于活跃状态。在执行攻击测试用例后，汇总搜集节点产生的数据源，例如进程监听的日志、异常流量的数据包捕获与传感器的告警等等。

（3）开发检测手段。根据安全产品搜集到的数据，使用SIEM这类管理平台进行分析，对相关检测技术的命中率进行评估，改进相关检测技术，并且反复执行该操作。图3-40是ART框架使用步骤示意图。

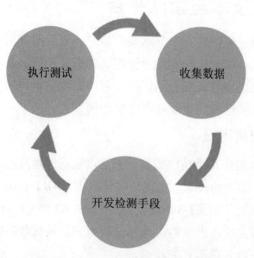

图 3-40　ART 框架使用步骤示意图

为了方便测试，社区还准备了一套非常方便地执行框架。但是框架仅限于PowerShell的环境下进行使用。对于无法使用PowerShell的情况，社区也准备了Python与golang的自动化执行框架，都是非常便捷的工具。

利用Atomic Red Team，我们可以在模拟环境中运行这些测试用例，验证检测方案的有效性，也可以验证防御控制方案是否正常工作。同时我们也可以结合自身情况，来完善自身的红队攻击测试库，在实际演练中不断进行测试与反馈，利用此过程提高红队的攻击水平。

3.4.3.2 蓝队使用项目

CAR（Cyber Analytics Repository，网安分析库）是MITRE基于ATT&CK对手模型开发的分析知识库。该知识库定义了一个数据模型，可以通过其官网的伪代码进行利用，也可以直接应用于针对攻击分析的特定工具（例如，Splunk、EQL、LogPoint）上。对应ATT&CK知识库中所列举的大部分具体攻击技术，CAR都给出了详细的分析对应措施（包括如何实现的伪代码描述）、数据模型以及如何搜集数据。

编写符合现代检测工具输出表达式的能力与数据模型的相关性有关，尤其是在端点检测和响应（EDR）领域。在数据模型更新的几年间，EDR等终端检测响应设备的检测能力的不断提升，导致CAR与EDR等工具的数据模型有一定隔阂。因此，CAR的知识库目前在不断地更新数据模型，以便更好地与当今工具的功能保持一致。诸如，CAR在Process对象模型中添加了新字段，可用于检测UAC绕过以及其他TTP等。图3-41所示为CAR-2019-07-002案例的伪代码使用示例。

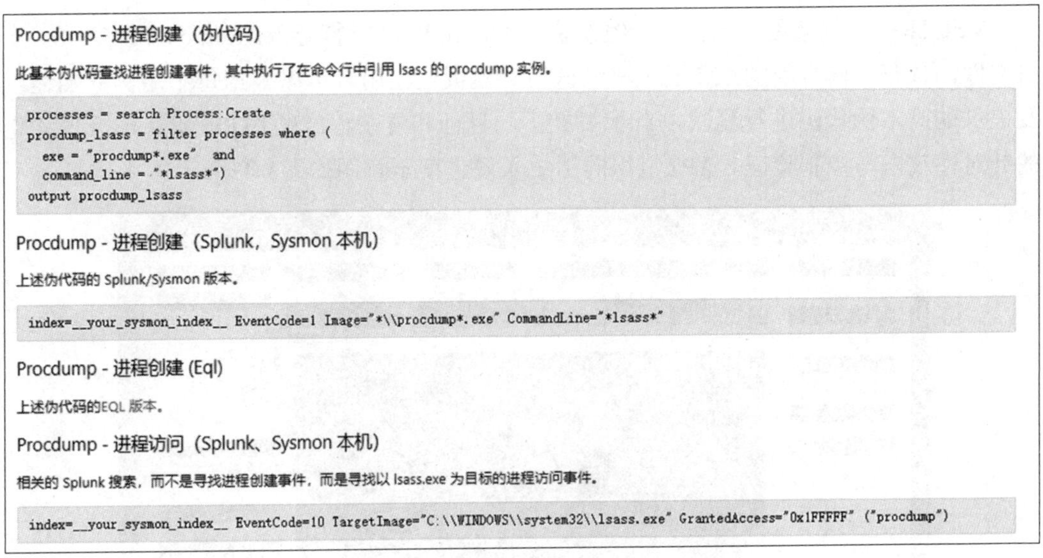
Procdump - 进程创建（伪代码）

此基本伪代码查找进程创建事件，其中执行了在命令行中引用 lsass 的 procdump 实例。

```
processes = search Process:Create
procdump_lsass = filter processes where (
  exe = "procdump*.exe"  and
  command_line = "*lsass*")
output procdump_lsass
```

Procdump - 进程创建（Splunk，Sysmon 本机）

上述伪代码的 Splunk/Sysmon 版本。

```
index=__your_sysmon_index__ EventCode=1 Image="*\\procdump*.exe" CommandLine="*lsass*"
```

Procdump - 进程创建 (Eql)

上述伪代码的EQL 版本。

Procdump - 进程访问（Splunk、Sysmon 本机）

相关的 Splunk 搜索，而不是寻找进程创建事件，而是寻找以 lsass.exe 为目标的进程访问事件。

```
index=__your_sysmon_index__ EventCode=10 TargetImage="C:\\WINDOWS\\system32\\lsass.exe" GrantedAccess="0x1FFFFF" ("procdump")
```

图 3-41　实伪代码使用

3.4.3.3 紫队使用平台

VECTR是一款协作跟踪红蓝队测试活动的工具，可以衡量不同攻击场景中的检测和预防能力。该平台覆盖范围非常广泛，可以跨越ATT&CK的整个攻击技术矩阵，从初始访问到权限升级和横向移动等战术阶段，并且提供了创建评估组的能力。平台评估组由一系列活动和测试用例组成，以支持模拟对手威胁与定制化场景。VECTR的攻击扩散路线及测试用例如图3-42所示。

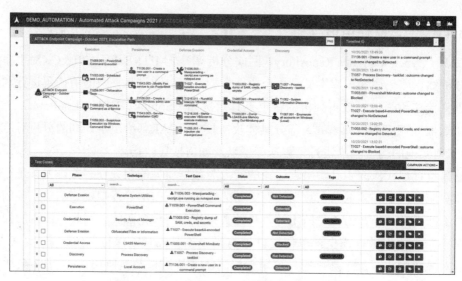

图 3-42　VECTR 的攻击扩散路线及测试用例

VECTR执行框架侧重于由APT组织执行的攻击TTP，支持导入Atomic Red YAML 索引文件，预览目前可用的APT组织和测试用例模板。使用者可以根据每个用例的描述以及提供的脚本伪代码进行测试，自行替换不同目标和复杂程度的TTP变量，形成自动化的针对性攻击与控制验证。APT组织的历史入侵进度示意图如图3-43所示。

图 3-43　APT 组织的历史入侵进度示意图

上传每次运行TTP所生成的结构化日志，VECTR将根据TTP的时间戳与执行命令等信息，自动更新每个测试用例目前的红队技术详情与进度，展示关于数据搜集、数据质量、数据丰富度、检测方式等的覆盖度，生成一个入侵检测的进展示意图，如图3-44所示。充分展示了模拟攻击计划覆盖了ATT&CK框架的哪些技术，更全面地呈现了红蓝攻防演练的整体技术面。

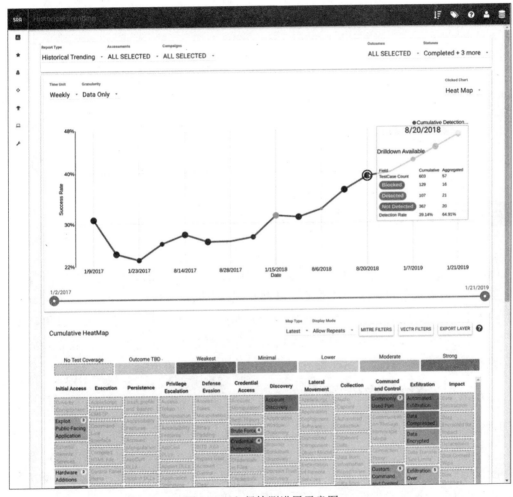

图 3-44　入侵检测进展示意图

VECTR旨在促进进攻和防守之间更加透明化，使用VECTR的API接口可以构建强大的数据IO平台。同时，为了鼓励团队成员之间协同工作与数据安全，VECTR使用OpenID Connect、Azure AD和SAML2为成员配置单点登录，采取ABAC（Attribute-based Access Control）对用户和权限进行管理。VECTR配置Azure AD的云端身份校验如图3-45所示。

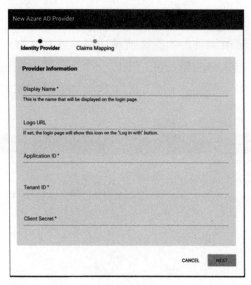

图 3-45　VECTR 配置 Azure AD 的云端身份校验

3.5　模拟演练实践

模拟演练依托了安恒信息从业十余年的攻防技术积累，包括反入侵和反APT专家团队的丰富经验和大体量的威胁情报库、威胁知识库及漏洞库等，以行业三大入侵分析模型（网络杀伤链、钻石模型及ATT&CK模型）为指导，专业对企业现有安全体系、安全产品、安全策略、安全制度、安全人员能力等各方面能力进行校验，深入挖掘企业薄弱点与规避网络威胁，有助于全面提高企业能力建设的安全防护能力。

3.5.1　勒索软件场景

勒索软件是攻击者通过加密数据，勒索受害者以获取经济利益的恶意软件。近些年来，类似数字敲诈行为在不断增长，攻击者会使用各种方式敲诈目标支付赎金，部分勒索犯罪团伙甚至具备实施复杂APT攻击的技术能力。许多公司组织坚信完善的反病毒保护方案可以防止被勒索软件攻击，但是勒索攻击仍然一次又一次成功。

我们从众多的勒索攻击行为中提取出勒索软件常用的高风险攻击行为，映射到ATT&CK框架的战术和技术阶段。根据映射表对企业执行筛选后的TTP，可验证企业现有安全产品设备面对攻击模拟产生的攻击行为、攻击流量、攻击特征的告警、拦截、阻断能力及企业对攻击行为的应急能力。以此评估企业对勒索软件攻击的检测、处置能力。根据评估结果，提高企业安全产品设备的检测能力，改进安全设备的检测规则、勒索软件攻击行为处置流程的建议。推动企业开展安全整改，完善安全策略，降低企业受到勒索软件攻击的威胁风险。在企业在面对勒索软件使用的边界突破攻击、内网横向攻击、数据加密等攻击威胁时，能够有效防御、及时阻断攻击行为，以此提升企业整体安全成熟度。

1．场景分析

（1）验证防护类设备响应能力（例如，邮件网关、WAF、IPS、终端防护模块、APT检测、EDR、蜜罐）。

（2）互联网侧攻击场景（例如，WAF、IPS、EDR）。

（3）内网横向侧进行横向攻击（例如，涉及云上到云下、云下与办公系统、办公到生产区）。

（4）内网主机测评估攻击（例如，域控制器、邮件服务器、Linux服务器）。

2．场景实现

模拟攻击者首先试图通过初始访问入侵目标用户网络，使用目标网络对外暴露的各种入口在目标网络中获得立足点。获得初始访问立足点的技术主要包括网络钓鱼或利用对外开放的Web服务漏洞等，表3-2所示即为初始访问阶段中将采用的通用攻击技术。

表3-2　TA0001——初始访问阶段的通用攻击技术

技　　术	技术子项	事件源	产　　品
T1190—利用公开漏洞	T1190.001-SQL注入	1.应用日志 2.网络流量	1.WAF 2.流量审计设备
	T1190.002—反序列化攻击		
	T1190.003—文件上传		
	T1190.003—弱口令		
T1566—钓鱼攻击	T1566.001—钓鱼附件	1.应用日志 2.网络流量	1.流量审计设备 2.邮件网关
	T1566.002—钓鱼链接	1.应用日志 2.网络流量	1.流量审计设备 2.邮件网关

模拟攻击者成功获取初始访问权限后，将通过一系列的命令执行、进程创建等手段去获取信息与创建持续性会话，表3-3所示为执行阶段中将采用的通用攻击技术。

表3-3　TA0002—执行阶段的通用攻击技术

技　　术	技术子项	事件源	产　　品
T1059—命令和脚本解释器	T1059.001-PowerShell	1.命令执行 2.模块加载 3.进程创建 4.脚本执行	1.终端防护软件 2.杀毒软件
	T1059.003-Windows Command Shell	1.命令执行 2.进程创建	1.终端防护软件 2.杀毒软件
T1204—用户执行	T1204.002—恶意文件	1.文件创建 2.进程创建	1.终端防护软件 2.杀毒软件 3.邮件专用防护模块

模拟勒索软件在获得立足点后将进行持久化和权限提升等操作，例如通过计划任务

定期执行操作、修改注册表与进程服务创建来维持软件对系统的访问，或者利用系统弱点、配置错误和漏洞，来创建具有特定系统访问权限的用户账户或执行特定功能的用户账户。表3-4所示为持久化和权限提升阶段中将采用的通用攻击技术。

表 3-4　TA0003、TA0004——持久化和权限提升阶段的通用攻击技术

技　　术	技术子项	事　件　源	产　　品
T1136－创建账户	T1136.001－本地账户	1.命令执行 2.进程创建 3.用户账户创建	1.终端防护软件 2.杀毒软件
T1547－启动/登录自动执行	T1547.001－注册表运行/启动文件	1.命令执行 2.文件修改 3.用户账户创建 4.Windows 注册表项创建 5.Windows 注册表项修改	1.终端防护软件 2.杀毒软件
T1543－创建/修改系统进程	T1543.003-Windows 服务	1.命令执行 2.系统 API 执行 3.进程创建 4.服务创建 5.服务修改 6.Windows 注册表项创建 7.Windows 注册表项修改	1.终端防护软件 2.杀毒软件
T1053－计划任务	T1053.005－计划任务	1.命令执行 2.文件修改 3.进程创建 4.计划任务创建	1.终端防护软件 2.杀毒软件

防御绕过阶段主要是查验防病毒产品、终端防护软件及蜜罐等设备的检测能力。用于防御规避的技术包括卸载、禁用安全软件或混淆、加密数据和脚本，利用和创建可信任流程来隐藏与伪装恶意软件，修改注册表键值，删除核心文件，又或者采用绕过白名单技术等。表3-5所示为防御绕过阶段中将采用的通用攻击技术。

表 3-5　TA0005——防御绕过阶段的通用攻击技术

技　　术	技术子项	事　件　源	产　　品
T1140－文件混淆/解码文件	T1140－文件混淆/解码文件	1.文件修改 2.进程创建 3.脚本执行	1.终端防护软件 2.杀毒软件
T1480－执行保护	T1480.001－环境加密	1.命令执行 2.进程创建	1.终端防护软件 2.杀毒软件
T1562－削弱防御	T1562.001－关闭或修改工具	1.命令执行 2.进程终止 3.主机状态 4.服务元数据 5.Windows 注册表项删除 6.Windows 注册表项修改	1.终端防护软件 2.杀毒软件

（续表）

技　术	技术子项	事　件　源	产　品
T1112一修改注册表	T1112.001一修改注册表	1.命令执行 2.操作系统 API 执行 3.进程创建 4.Windows 注册表项创建 5.Windows 注册表项删除 6.Windows 注册表项修改	1.终端防护软件 2.杀毒软件
T1218一白名单签名执行程序	T1218.001-Rundll32	1.命令执行 2.模块加载 3.进程创建	1.终端防护软件 2.杀毒软件
T1078一有效账户	T1078.002一域账户	1.登录会话创建 2.用户账户身份验证	1.终端防护软件 2.杀毒软件 3.蜜罐
	T1078.003一本地账户	1.登录会话创建 2.用户账户身份验证	1.终端防护软件 2.杀毒软件 3.蜜罐

凭据访问包括窃取账户和密码等凭据的技术。用于获取凭据的技术包括密钥记录或系统API执行。勒索软件将使用合法凭据访问系统，使其更难检测，并提供创建更多账户以帮助实现目标。表3-6所示为凭据访问阶段中将采用的通用攻击技术。

表 3-6　TA0006——凭证访问阶段的通用攻击技术

技　术	技术子项	事　件　源	产　品
T1003一系统凭证导出	T1003.001-LSASS 内存	1.命令执行 2.操作系统 API 执行 3.进程访问 4.进程创建	1.终端防护软件 2.杀毒软件 3.蜜罐

发现战术是整个ATT&CK框架中最难以防御的策略，勒索软件通过一系列有关系统和内部网络知识的技术实现观察环境和自身定位，了解切入点周围环境。表3-7所示为发现阶段中将采用的通用攻击技术。

表 3-7　TA0007——发现阶段的通用攻击技术

技　术	技术子项	事　件　源	产　品
T1087一账户发现	T1087.002一域账户	1.命令执行 2.进程创建	1.终端防护软件 2.杀毒软件 3.蜜罐
T1482一域信任发现	T1482.001一域信任发现	1.命令执行 2.操作系统 API 执行 3.进程创建 4.脚本执行	1.终端防护软件 2.杀毒软件 3.蜜罐
T1083一文件和目录发现	T1083.001一文件和目录发现	1.命令执行 2.操作系统 API 执行 3.进程创建	1.终端防护软件 2.杀毒软件 3.蜜罐

（续表）

技　术	技术子项	事 件 源	产　品
T1069－权限组发现	T1069.001－权限组发现	1.应用程序日志内容 2.命令执行 3.组枚举 4.组元数据 5.进程创建	1.终端防护软件 2.杀毒软件 3.蜜罐
T1057－进程发现	T1057.001－进程发现	1.命令执行 2.操作系统 API 执行 3.进程创建	1.终端防护软件 2.杀毒软件 3.蜜罐
T1012－查询注册表	T1012.001－查询注册表	1.命令执行 2.操作系统 API 执行 3.进程创建 4.WIndows 注册表项访问	1.终端防护软件 2.杀毒软件 3.蜜罐
T1018－远程系统发现	T1018.001－远程系统发现	1.命令执行 2.文件访问 3.网络连接创建 4.进程创建	1.终端防护软件 2.杀毒软件 3.蜜罐
T1518－软件发现	T1518.001－软件发现	1.命令执行 2.防火墙枚举 3.防火墙元数据 4.操作系统 API 执行 5.进程创建	1.终端防护软件 2.杀毒软件 3.蜜罐
T1082－系统信息发现	T1082.001－系统信息发现	1.命令执行 2.安装元数据 3.操作系统 API 执行 4.进程创建	1.终端防护软件 2.杀毒软件 3.蜜罐
T1016－系统网络配置发现	T1016.001－系统网络配置发现	1.命令执行 2.操作系统 API 执行 3.进程创建 4.脚本执行	1.终端防护软件 2.杀毒软件 3.蜜罐
T1049－系统网络连接发现	T1049.001－系统网络连接发现	1.命令执行 2.操作系统 API 执行 3.进程创建	1.终端防护软件 2.杀毒软件 3.蜜罐
T1033－系统所有者/用户发现	T1033.001－系统所有者/用户发现	1.命令执行 2.进程创建	1.终端防护软件 2.杀毒软件 3.蜜罐
T1007－系统服务发现	T1007.001－系统服务发现	1.命令执行 2.进程创建	1.终端防护软件 2.杀毒软件 3.蜜罐
T1124－系统时间发现	T1124.001－系统时间发现	1.命令执行 2.操作系统 API 执行 3.进程创建	1.终端防护软件 2.杀毒软件 3.蜜罐

　　横向移动主要是模拟勒索软件在内网进行的后续攻击，试图利用窃取的大量信息资

产通过远程服务或Window共享服务进行横向感染其他主机，实现大范围传播，主要目的是根据已有条件来扩大攻击成果。表3-8所示为横向移动阶段中将采用的通用攻击技术。

表3-8　TA0008－横向移动阶段技术

技　　术	技术子项	事　件　源	产　　品
T1021－远程服务	T1021.001－远程桌面协议	1.登录会话创建 2.网络连接创建 3.网络流量 4.进程创建	1.终端防护软件 2.杀毒软件 3.蜜罐 4.流量审计设备
	T1021.002-SMB/Windows 共享管理	1.命令执行 2.登录会话创建 3.网络共享访问 4.网络连接创建 5.网络流量	1.终端防护软件 2.杀毒软件 3.蜜罐 4.流量审计设备

搜集（Collection）包括后渗透阶段从目标网络识别和搜集信息的技术，例如敏感文件或系统或网络上的位置等。勒索软件可能会在这些位置查找要泄露的信息。常见目标源包括各种系统文件、驱动器类型、浏览器、音频、视频和电子邮件等。表3-9所示为TA0009－搜集阶段技术采集阶段中将采用的通用攻击技术。

表3-9　TA0009－搜集阶段技术

技　　术	技术子项	事　件　源	产　品
T1560－文档数据搜集	T1560.002－文档数据搜集压缩	1.命令执行 2.文件创建 3.进程创建 4.脚本执行	1.终端防护软件 2.杀毒软件
T1005－本地系统信息搜集	T1005.001－本地系统信息搜集	1.命令执行 2.文件访问	1.终端防护软件 2.杀毒软件
T1074－数据暂存	T1074.001－本地数据暂存	1.命令执行 2.文件访问 3.文件创建	1.终端防护软件 2.杀毒软件
T1113－屏幕截图	T1113.001－屏幕截图	1.命令执行 2.操作系统 API 执行	1.杀毒软件

命令与控制主要表示模拟攻击者如何与内网的受控系统进行通信。根据系统配置和网络拓扑，勒索软件可以通过多种方式建立具有各种隐蔽级别的网络通道。勒索软件通常模仿正常、预期的流量以避免检测。根据目标的网络结构和防御，勒索软件可以通过多种方式建立不同级别的隐身和控制。表3-10所示为TA0011－命令与控制阶段中将采用的通用攻击技术。

表 3-10　TA0011－命令与控制阶段技术

技　　术	技术子项	事 件 源	产　　品
T1071－应用层协议	T1071.001－应用层协议	1.网络流量内容 2.网络流量	1.终端防护软件 2.杀毒软件 3.蜜罐 4.流量审计设备
T1573－加密通道	T1573.001－加密通道	1.网络流量内容	1.终端防护软件 2.杀毒软件 3.蜜罐
T1105－入口工具传输	T1105.001－入口工具传输	1.文件创建 2.网络连接创建 3.网络流量内容 4.网络流量	1.终端防护软件 2.杀毒软件 3.蜜罐 4.流量审计设备
T1219－远程访问软件	T1219.001－远程访问软件	1.网络连接创建 2.网络流量内容 3.网络流量 4.进程创建	1.杀毒软件 2.流量审计设备

　　数据渗漏（Exfiltration）指的是导致或帮助勒索软件从被感染系统中窃取文件和信息的技术。一旦勒索软件搜集了数据，其通常会将其打包，以避免在删除数据时被发现。所以该项战术还包括压缩和加密等技术。从目标网络获取数据的技术通常包括通过其命令和控制通道或备用通道传输数据，也可能包括对传输施加大小限制。表3-11所示为TA0010－数据渗漏阶段中将采用的通用攻击技术。

表 3-11　TA0010－数据渗出阶段技术

技　　术	技术子项	事 件 源	产　　品
T1041－命令与控制通道的数据渗漏	T1041.001－命令与控制通道的数据渗漏	1.命令执行 2.文件访问 3.网络连接创建 4.网络流量内容 5.网络流量	1.终端防护软件 2.杀毒软件 3.流量审计设备

　　影响阶段包括勒索软件通过操纵业务运营流程和企业数据来破坏可用性或破坏完整性的技术。影响的技术包括删除登录凭据、破坏篡改数据与磁盘擦除等手段。这些技术可能被勒索软件用来贯彻其最终目标，降低与破坏组织机构的生产力，造成企业的名誉与经济损失。表3-12所示为TA0040－影响阶段中将采用的通用攻击技术。

表 3-12　TA0040－影响阶段技术

技　　术	技术子项	事　件　源	产　　品
T1531－账户访问权限删除	T1531.001－账户访问权限删除	1.活动目录对象个性 2.用户账户删除 3.用户账户修改	1.终端防护软件 2.杀毒软件
T1485－数据销毁	T1485.001－数据销毁	1.云存储删除 2.命令执行 3.文件删除 4.文件修改 5.图像删除 6.实例删除 7.进程创建 8.快照删除 9.数据卷删除	1.终端防护软件 2.杀毒软件
T1486－数据加密	T1486.001－数据加密	1.云存储元数据 2.云存储修改 3.命令执行 4.文件创建 5.文件修改 6.进程创建	1.终端防护软件 2.杀毒软件

3.5.2　活动目录场景

　　活动目录（Active Directory）是Windows Server中集中管理计算机、用户、群组、组织单元（OU）的目录管理服务，内建于Windows Server2000及以上的Windows Server版本，用于架构大中型网络环境。

　　活动目录（AD）凭借其独特管理优势，从众多企业管理服务中脱颖而出，成为内网管理中的佼佼者。采用活动目录来管理的内网，称为AD域。要将内网中的资源部署到AD域内，需要在域控上注册。域计算机和打印机、共享文件夹等一起组成域环境，企业员工要在这个域环境内办公，需要注册成为域用户。所有资源注册成功后，都由AD域来统一管理。

　　域安全的重要性对企业毋庸置疑，在当前网络安全态势日益严峻，以及国家网络安全合规要求不断加强的背景下，如何提升内网的安全性，保障业务安全，是企业需要高度重视的核心环节。AD域由于其应用的普遍性和"靶标"性，无疑是企业防护的重点。MITRE ATT&CK框架包括了黑客入侵AD并进行域渗透攻击的详细过程，可以作为参考点，以确定企业的AD薄弱点以及应采取哪些方法来降低风险。利用ATT&CK框架进行活动目录模拟攻击，不仅有针对AD域的探索、漏洞的发现，还可以帮助用户清除AD域内的威胁，涵盖事前事中事后的全方面监控修复。

1．场景分析

内网域控评估攻击场景（例如测试区域控制器、邮件服务器，APT检测）

内网横向攻击场景（例如涉及办公区杀毒软件、生产区EDR、蜜罐、APT检测）

互联网侧攻击场景（例如，WAF、IPS、EDR）

2．场景实现

（1）在初始访问阶段，模拟攻击者将利用一系列侦查手段获取目标的资产、人员、环境等信息，掌握实施攻击的基础信息支持。信息的全面性和准确性很大程度上影响了攻击的路径、战果和效率，攻击者将会根据前期搜集到的信息，针对性制作攻击代码，尝试利用历史公开漏洞，在目标网络中取得初始立足点。表3-13所示为TA0001—初始访问阶段中将采用的通用攻击技术。

表 3-13　TA0001—初始访问技术

战　术	技　术	技术子项	事 件 源
TA0001—初始访问	T1190—利用公开漏洞	T1190.001-MS17-010 T1190.002-zerologon T1190.003-proxylogon T1190.004-proxyshell T1190.005-0688 T1190.006-CVE-2019-0708	1.应用日志 2.网络流量

模拟攻击者获得初始访问权限后，通过远程访问工具启动shell命令界面，通过命令行进行命令执行、进程创建、脚本执行、文件修改等技术。表3-14所示为TA0002—执行阶段中将采用的通用攻击技术。

表 3-14　TA0002—执行阶段技术

战　术	技　术	技术子项	事 件 源
TA0002 — 执行阶段	T1059—命令和脚本解释器	T1059.001-PowerShell	1.命令执行 2.模块加载 3.进程创建 4.脚本执行
		T1059.003-Windows Command Shell	1.命令执行 2.进程创建
	T1053—计划任务	T1053.005—计划任务	1.命令执行 2.文件修改 3.进程创建 4.计划任务创建
	T1204—用户执行	T1204.002—恶意文件	1.文件创建 2.进程创建

为保持对系统主机的访问、操作或配置更改权限，防止已有的权限被破坏，即使系统重启或重装也不会消失，模拟攻击者将替换系统辅助功能（如放大镜、软键盘）、劫持动态连接库、利用Windows服务启动项、Linux定时任务Crontab配置随系统自启动、设置suid特权程序、安装Bootkit木马、盗用原有合法账户密码等技术进行权限维持，即持久化。表3-15所示为TA0003－持久化阶段中将采用的通用攻击技术。

表3-15　TA0003－持久化阶段技术

战　术	技　术	技术子项	事件源
TA0003－持久化	T1547－引导或登录自动启动执行	T1547.001－注册表	1.命令执行 2.文件修改
	T1556－修改认证流程	T1556.001－域控制器认证	/
	T1037－引导或登录初始化脚本	T1037.001-windows 登录脚本	1.命令执行 2.文件修改
	T1053－计划任务	T1053.005－计划任务	1.命令执行 2.文件修改 3.进程创建 4.计划任务创建
	T1136－创建账户	T1136.001－本地账户	1.命令执行 2.进程创建 3.用户账户创建

模拟攻击者使用无特权访问权限访问系统后，将利用系统缺陷来获取本地管理员或SYSTEM / Root 级别的权限，例如，软件漏洞特权提升、绕过用户账户控制、域策略修改、进程注入、修改注册表等。表3-16所示为TA0004－权限提升阶段中将采用的通用攻击技术。

表3-16　TA0004－权限提升阶段技术

战　术	技　术	技术子项	事件源
TA0004－权限提升	T1548－滥用权限提升机制	T1548.002－绕过用户账户控制	1.命令执行 2.文件修改 3.用户账户创建 4.Windows 注册表项创建 5.Windows 注册表项修改
	T1484－域策略修改	T1484.001－组策略修改	/
		T1484.002－域信任修改	/
	T1068－特权提升漏洞利用	T1068－特权提升漏洞利用	/
	T1055－进程注入	T1055－进程注入	/
	T1134－访问令牌操作	T1134.001－令牌模拟/窃取	/
	T1078.002－有效账户 - 域账户	T1078.002－域账户	1.登录会话创建 2.用户账户身份验证

防御绕过阶段主要是查验企业防病毒产品、终端防护软件及态势感知等设备的检测能力。用于防御规避的技术包括混淆、加密数据和脚本或削弱、破坏防御环境，域策略修改，利用和创建可信任流程来隐藏与伪装恶意软件，反射代码加载到进程与采用白名单签名程序等。表3-17所示为TA0005－防御绕过阶段中将采用的通用攻击技术。

表3-17　TA0005－防御绕过阶段技术

战　术	技　术	技术子项	事 件 源
TA0005－ 防御绕过	T1140－文件混淆/解码文件	T1140－文件混淆/解码文件	1.文件修改 2.进程创建 3.脚本执行
	T1480－执行保护	T1480.001－环境加密	1.命令执行 2.进程创建
	T1562－削弱防御	T1562.001－关闭或修改工具	1.命令执行 2.进程终止 3.主机状态 4.服务元数据 5.Windows 注册表项删除 6.Windows 注册表项修改
	T1134－访问令牌操作	T1134.001－令牌模拟/窃取	/
	T1484－域策略修改	T1484.001－组策略修改	/
		T1484.002－域信任修改	/
	T1620－反射代码加载	T1620.001－反射代码加载	/
	T1202－间接命令执行	T1202.001－间接命令执行	/
	T1564－隐藏	T1564.001－隐藏窗口	/
	T1211－防御规避的利用	/	/
	T1027－混淆的文件或信息	T1027.001－隐写术	/
	T1548－滥用权限提升机制	T1548.002－绕过用户账户控制	/
	T1218－白名单签名执行程序	T1218.001-Rundll32	1.命令执行 2.模块加载 3.进程创建
	T1078－有效账户	T1078.002－域账户	1.登录会话创建 2.用户账户身份验证
		T1078.003－本地账户	1.登录会话创建 2.用户账户身份验证

凭据访问包括窃取账户名称和密码等凭据的技术。模拟攻击者可以使用用于获取凭据的技术包括中间人攻击、窃取或伪造Kerberos票证、暴力破解未知密码与散列值等手段，尝试从用户或管理员账户获取合法凭据，以便在网络中进行各种身份验证，使防御者更难发现攻击者。表3-18所示为TA0006－凭据访问阶段中将采用的通用攻击技术。

表 3-18　TA0006－凭证访问阶段技术

战　　术	技　　术	技术子项	事　件　源
TA0006－凭证访问	T1557－中间人攻击	T1557.001-LLMNR/NBT-DNS 中毒和 SMB 中继	/
	T1558－窃取或伪造 Kerberos 票证	T1558.001－黄金票据	/
		T1558.002－白银票据	/
		T1558.003-Kerberoasting	/
		T1558.004-AS-REP Roasting	/
	T1187－强制认证	T1187－强制认证	/
	T1212－凭证访问的利用	T1212－凭证访问的利用	/
	T1110－暴力破解	T1110.003－密码喷洒	/
	T1003－系统凭证导出	T1003.001-LSASS 内存	1.命令执行 2.操作系统 API 执行 3.进程访问 4.进程创建

模拟攻击者获得对新系统的访问权限时，将通过本地搜索、内网扫描和嗅探等方式确认已可以获取或控制的数据及进一步了解内部网络和可能利用的风险点。比如，通过本机文件获取用户列表、进程列表、网络连接、配置文件、程序代码、数据库内容、运维操作记录、系统账户密码、浏览器保存密码、邮件内容等信息；通过内存导出、键盘记录、网络嗅探获取用户凭据；通过查询Windows域全部账户和主机，分析出企业完整的组织机构/人员、重要机器等信息；通过内网主机存活探测、远程服务探测描绘出内网结构拓扑图、内网应用服务以及可能的风险点。表3-19所示为TA0007－发现阶段中将采用的通用攻击技术。

表 3-19　TA0007－发现阶段技术

战　术	技　术	技术子项	事件源
TA0007－发现	T1087－账户发现	T1087.002－域账户	1.命令执行 2.进程创建
	T1482－域信任发现	T1482.001－域信任发现	1.命令执行 2.操作系统 API 执行 3.进程创建 4.脚本执行
	T1615－组策略发现	T1615－组策略发现	1.应用程序日志内容 2.命令执行
	T1069－权限组发现	T1069.001－权限组发现	1.应用程序日志内容 2.命令执行 3.组枚举 4.组元数据 5.进程创建
	T1046－网络服务扫描	T1046－网络服务扫描	1.应用程序日志内容 2.命令执行
	T1135－网络共享发现	T1135－网络共享发现	1.应用程序日志内容 2.命令执行
	T1018－远程系统发现	T1018.001－远程系统发现	1.命令执行 2.文件访问 3.网络连接创建 4.进程创建
	T1040－网络嗅探	T1040－网络嗅探	1.命令执行 2.文件访问 3.网络连接创建 4.进程创建
	T1201－密码策略发现	T1201－密码策略发现	1.应用程序日志内容 2.命令执行
	T1016－系统网络配置发现	T1016.001－系统网络配置发现	1.命令执行 2.操作系统 API 执行 3.进程创建 4.脚本执行
	T1049－系统网络连接发现	T1049.001－系统网络连接发现	1.命令执行 2.操作系统 API 执行 3.进程创建

　　横向移动阶段，模拟攻击者将尽可能获取更多服务器控制权限和数据，而后尝试登录服务器抓用户登录凭证（一台服务器存在多个账户），再使用这些凭证传递，尝试登录其他服务器，逐步扩大服务器控制范围。表3-20所示为TA0008－横向移动阶段中将采用的通用攻击技术。

表3-20　TA0008－横向移动阶段技术

战　术	技　术	技术子项	事　件　源
TA0008－横向移动	T1021－远程服务	T1021.001－远程桌面协议	1.登录会话创建 2.网络连接创建 3.网络流量 4.进程创建
		T1021.002-SMB/Windows 共享管理	1.命令执行 2.登录会话创建 3.网络共享访问 4.网络连接创建 5.网络流量
	T1210－利用远程服务	T1210.001－利用远程服务	/
	T1550－使用替代认证材料	T1550.001－哈希传递	/
		T1550.002－票据传递	/

模拟攻击者将在目标网络中尽可能地搜集敏感文件或系统信息等数据，例如企业系统源代码、数据库、资产信息、技术方案、商业机密、邮件内容等攻击目标数据。表3-21所示为TA0009－搜集阶段中将采用的通用攻击技术。

表3-21　TA0009－搜集阶段技术

战　术	技　术	技术子项	事　件　源
TA0009－搜集	T1557－中间人攻击	T1557.001-LLMNR/NBT-DNS 中毒和 SMB 中继	/
	T1114－电子邮件搜集	T1114.001－远程电子邮件搜集	/
	T1005－来自本地系统的数据	T1005.001－来自本地系统的数据	/

根据系统配置和网络拓扑，模拟攻击者可以通过多种方式建立具有各种隐蔽级别的命令与控制。例如，通过隐写将攻击者数据与良性流量混淆，采用TCP、UDP、HTTP、HTTPS、DNS、ICMP、SMTP等网络协议，或使用多层代理、传输加密、端口复用、Domain Fronting等方式，以此充分了解测评企业现有防御技术以及流量监测设备的检测能力。表3-22所示为TA0011－命令与控制阶段中将采用的通用攻击技术。

表 3-22　TA0011－命令与控制阶段技术

战　术	技　术	技术子项	事件源
TA0011－命令与控制	T1071－应用层协议	T1071.001－应用层协议	1.网络流量内容 2.网络流量
	T1573－加密通道	T1573.001－加密通道	1.网络流量内容
	T1090－代理	T1090.001－外部代理	1.网络流量内容 2.网络流量
		T1090.002－域前置	1.网络流量内容 2.网络流量
	T1572－协议隧道	T1572.001－协议隧道	1.网络流量内容 2.网络流量
	T1095－非应用层协议	T1095.001－非应用层协议	1.网络流量内容 2.网络流量
	T1001－数据混淆	T1001.001－隐写术	1.网络流量内容 2.网络流量
	T1132－数据编码	T1132.001－标准编码	1.网络流量内容 2.网络流量
	T1219－远程访问软件	T1219.001－远程访问软件	1.网络连接创建 2.网络流量内容 3.网络流量 4.进程创建

　　模拟对数据进行加密、压缩、分段处理，通过HTTP(S)/FTP/DNS/SMTP等网络协议主动对外传送、使用Web对外提供访问下载、物理U盘拷贝，或业务接口直接查询回显等方式将数据窃取传输到黑客手中。表3-23所示为TA0010－数据渗出阶段中将采用的通用攻击技术。

表 3-23　TA0010－数据渗出阶段技术

战　术	技　术	技术子项	事件源
TA0010－数据渗出	T1030－数据传输大小限制	T1030－数据传输大小限制	1.网络连接创建 2.网络流量内容 3.网络流量
	T1041－命令与控制通道的数据渗漏	T1041.001－命令与控制通道的数据渗漏	1.命令执行 2.文件访问 3.网络连接创建 4.网络流量内容 5.网络流量

　　模拟账户访问权限删除、数据销毁等破坏性动作。表3-24所示为TA0040－影响阶段中将采用的通用攻击技术。

表 3-24　TA0040－影响阶段技术

战　术	技　术	技术子项	事 件 源
TA0040－影响	T1531－账户访问权限删除	T1531.001－账户访问权限删除	1.活动目录对象个性 2.用户账户删除 3.用户账户修改
	T1485－数据销毁	T1485.001－数据销毁	1.云存储删除 2.命令执行 3.文件删除 4.文件修改 5.图像删除 6.实例删除 7.进程创建 8.快照删除 9.数据卷删除
	T1486－数据加密	T1486.001－数据加密	1.云存储元数据 2.云存储修改 3.命令执行 4.文件创建 5.文件修改 6.进程创建

反侵权盗版声明

电子工业出版社依法对本作品享有专有出版权。任何未经权利人书面许可，复制、销售或通过信息网络传播本作品的行为；歪曲、篡改、剽窃本作品的行为，均违反《中华人民共和国著作权法》，其行为人应承担相应的民事责任和行政责任，构成犯罪的，将被依法追究刑事责任。

为了维护市场秩序，保护权利人的合法权益，我社将依法查处和打击侵权盗版的单位和个人。欢迎社会各界人士积极举报侵权盗版行为，本社将奖励举报有功人员，并保证举报人的信息不被泄露。

举报电话：（010）88254396；（010）88258888

传　　真：（010）88254397

E-mail：　dbqq@phei.com.cn

通信地址：北京市万寿路南口金家村288号华信大厦

　　　　　电子工业出版社总编办公室

邮　　编：100036